物理能量转换

图文并茂，具有趣味性、知识性

U0680647

QIMIAODELIYUYUNDONG

奇妙的力与运动

编著◎吴波

中国出版集团

现代出版社

图书在版编目（CIP）数据

奇妙的力与运动 / 吴波编著 . —北京：现代出版
社，2013.1 （2024.12重印）
（物理能量转换世界）
ISBN 978 - 7 - 5143 - 1037 - 5

Ⅰ. ①奇… Ⅱ. ①吴… Ⅲ. ①力学 – 青年读物②力学
– 少年读物 Ⅳ. ①O3 – 49

中国版本图书馆 CIP 数据核字（2012）第 292901 号

奇妙的力与运动

编　著	吴　波
责任编辑	李　鹏
出版发行	现代出版社
地　址	北京市朝阳区安外安华里 504 号
邮政编码	100011
电　话	010 – 64267325　010 – 64245264（兼传真）
网　址	www. xdcbs. com
电子信箱	xiandai@ cnpitc. com. cn
印　刷	唐山富达印务有限公司
开　本	710mm×1000mm　1/16
印　张	12
版　次	2013 年 1 月第 1 版　2024 年 12 月第 4 次印刷
书　号	ISBN 978 – 7 – 5143 – 1037 – 5
定　价	57. 00 元

前　言

　　什么是重力？滑轮组是如何工作的？什么是宇宙速度？河流为什么是弯的……

　　力学是物理学中最古老的分支。很久以前，古希腊的数学家和哲学家，比如阿基米德，就开始研究力的作用过程和规律了。现代科技中的很大一部分，都建立在力学知识的基础之上。很多错综复杂的机械设备，都是利用一些力学原理来制造的。虽然物理学知识已比较普及，但遗憾的是，不少人对物理入门阶段的许多基础概念还模糊不清，比如关于力学概念，一些关于运动和力的定律等。其实，在日常生活中，我们经常遇见各种各样的力的作用过程，只是我们没有意识到而已。这本《奇妙的力与运动》将使我们领略力学的神奇与美丽。

　　现在我们编写的这本《奇妙的力与运动》，对生活中的一些有趣的力学现象进行详细的阐述，这样，能让青少年朋友在了解力学问题时更加容易，比那些纯理论和公式的书籍要通俗得多，本书通过生动的故事，有趣的现象来阐述力学原理。这样一来，对于青少年朋友学习物理大有裨益。

　　本书共分为六个专题：静力学、动力学、运动力学、天体力学、流体力学、生物力学。物理学是与日常生活关系最为密切的一门科学，也是初中学生较难理解的一门课。在此不求知识的全面系统，所选内容皆由趣味入题，用自然生活中生动有趣的事例，揭示其中的科学知识与科学原理。

　　《奇妙的力与运动》的出版目的是唤起青少年朋友研究、学习力学的兴趣，但愿求知心切的青少年朋友从中找到和获得更多的力学知识。

目 录

运动力学

天体力学

流体力学

生物力学

静 力 学
JINGLIXUE

　　平衡是物体机械运动的特殊形式，严格地说，物体相对于惯性参照系处于静止或做匀速直线运动的状态，即加速度为零的状态称为平衡状态。静力学作为力学的一个分支，它主要研究物体在力的作用下处于平衡的规律，以及如何建立各种力系的平衡条件。静力学的基本物理量有3个：力、力偶、力矩。

　　静力学的全部内容是以几条公理为基础推理出来的。这些公理是人类在长期的生产实践中积累起来的关于力的知识的总结，它反映了作用在刚体上的力的最简单最基本的属性，这些公理的正确性是可以通过实验来验证的，但不能用更基本的原理来证明。

力

　　在甲骨文中，"力"字像一把尖状起土农具"耒"。用耒翻土，需要力。这大概是当初造字的本意。《墨经》最早对力作出有物理意义的定义：

　　"力：刑之所以奋也。""刑"即今天的"形"，表示一切有生命的物体。

张　衡

"奋"的原意是鸟张开翅膀从田野里飞起，墨家用它描述物质的、运动的或精神的状态改变，就像今天常用"奋飞"、"奋发"、"振奋"等词的含义一样。由此可见，墨家定义力，是指有形体的状态改变；如果保守某种状态就谈不上奋，也就无需用力了。《墨经》还举了一个例子，从地面上举起物体，就要发"奋"，需要用力。墨家定义力，虽然没有明确与加速度联系起来，但他们从状态改变中寻找力的原因，实际上包含了加速度的概念，它的意义是很深刻的。

在浩瀚的中国历史文献中，记述了各种各样的力，其中占人对惯性力和重力的认识是值得称道的。《考工记》是最早记述惯性现象的。《考工记》在描述赶马车的经验时写道："劝登马力，马力既竭，辀（zhōu）犹能一取焉。"这句话的意思是，在赶马车的时候，即使马不再用力拉车了，但车还是能继续往前行一段路。

古人不仅记述了惯性现象，而且充分认识和利用了惯性力。张衡（78—139）于东汉顺帝阳嘉元年（132）创制的候风地动仪就是其中之一。地动仪中的主要部件是一根倒立柱，称它为"都柱"。在其受到来自某方向的地震横波袭击时，由于惯性力的作用，它将倒向震源方向，从而来带动有关方向的杠杆牙机，使龙嘴张开，铜丸掉落于地上蟾蜍口中。

对重力现象最早作出描写的是《墨经》。它指出，凡是重物，它的上方没有提挈，它的下面没有支撑的，它的旁边又没有牵引的，那么就一定会垂直下落。也就是说，当物体不受到任何外力作用

地动仪

时，它就会垂直下落。这正是重力对物体作用的结果。

《墨经》还讨论过合力。明确提出"合力"一词的是明代茅元仪。他写道："合力者积众弱以成强也。今夫百钧之石，数十人举之而不足，数人举之而有余，其石无加损，力有合不合也。"

但是，中国传统文化中却很少述及力的方向，而讨论分力与合力时是必需指出力作用方向的。然而在生产实践中，古人却有许多利用合力的经验及创造发明。诸如众人抬木头，利用两头牛耕地的耦耕操作、戽（hù）斗的应用等。戽斗取水，两人用力拉动斗侧双绳，盛满水的斗就沿合力方向运动，正好构成力的平行四边形法则的实际图。

中国古人很早就发现了，一个系统内力没有作用效果。《韩非子·观行》

a. 拔车

b. 踏车

C. 牛转翻车

古人取水的工具

写道："有乌获之劲，而不得人助，不能自举。"乌获，据说是秦武王宠爱的大力士，能举千钧之重。但他却不能将自己举起来。东汉王充也说："力重不能自举，需人乃举。""古之多力者，身能负荷千钧，手能决角伸钩，使之自举，不能离地。"

一个身负千钧重载，手能折断牛角、拉直铁钩的大力士，却不能将自己举离地面。似乎是很可悲的，然而，这正是真理的所在。再大力气的人，也不能违背上述那条力学法则。因为当自身成为一个系统时，他对自己的作用力属内力，内力对本系统的作用效果等于零。否则，今天就不会有这样的口头禅来嘲讽一个人的能耐是有限的：你有本事，你也不能揪着自己的头发使自己离地三寸。

知识点 ▶▶ ▶▶▶▶▶

惯 性 力

当物体加速时，惯性会使物体有保持原有运动状态的倾向，若是以该物体为坐标原点，看起来就仿佛有一股方向相反的力作用在该物体上，因此称之为惯性力。因为惯性力实际上并不存在，实际存在的只有原本将该物体加速的力，因此惯性力又称为假想力。它概念的提出是因为在非惯性系中，牛顿运动定律并不适用。但是为了思维上的方便，可以假想在这个非惯性系中，除了相互作用所引起的力之外还受到一种由于非惯性系而引起的力——惯性力。初速度越快，质量越大的物体加速度越大。

延伸阅读

蛤蟆夯

自古以来，建筑工人都是用木夯或石夯来夯实地基。可是人工打夯让人汗流浃背，够辛苦的。现代建筑业就发明并使用各种机电夯来减轻工人的体力劳动。20 世纪 50 年代的经济建设高潮中，我国建筑工程技术人员和工人们一道创造了一种蛤蟆夯。它的构造很简单，就是用电动机驱动一个沉重的铁块绕轴旋转。在开动以前，大铁块自然下垂，整机的重心较低。机器开动后，大铁块逐渐往上转去，转到竖直向上的方向；这等于使整机重心上移。为了保持原来的较低的重心位

蛤蟆夯

置不变，整机就得稍微往下沉降；但是，机座被地面挡住不能沉降。于是，在地面的反作用下，整机的重心就过渡到较高的位置。大铁块转过了最高点就往下转去，成为竖直向下；这又使整机重心下降。为了保持铁块下转前较高的重心位置不变，整机就往上跳起一次。大铁块过了最低点又往上转，使整机落下。大铁块一圈圈地转，整机就一次又一次地跳起落下，起了夯土的作用。同时，还设计了一种特殊机构，使它一面蹦跳一面往前走，活像一只大蛤蟆。

杠杆原理

　　古希腊哲学家、数学家、物理学家阿基米德说过一句经典名言："给我一个安放杠杆的支点，我就能将地球撬动。"虽然阿基米德无法找到这个支点，他的豪言也不可能实现，但是根据杠杆原理，如果真的存在这样的支点和足够长的杠杆，地球的确可以被撬起来。

　　在我国战国时期的赵国，有一个学者叫公孙龙，他曾经做出过这样一设想：头发丝引重。就是利用杠杆原理，往下拽动力臂端的头发丝，举起重臂端悬挂的一千钧重的物品，而这根头发丝也不会断掉。这就是"发引千钧"的

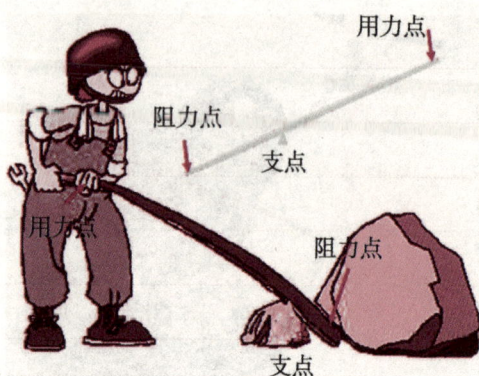

用力点

阻力点

支点

用力点

阻力点

支点

杠杆原理

论题，在当时引起很大的争论。这个论题在理想化的条件下按杠杆原理是讲得通的，但是和阿基米德的想法一样，并不现实。1 钧是 30 斤，1 千钧等于 3 万斤，而战国时代 1 斤 =228.86 克，因此 1 千钧 = 6.866 吨，这差不多等于一头非洲大象的体重。我们取重臂长 1 厘米，头发丝的最大抗拉力约为 50 克，那么力臂必须大于 1.373 千米。很明显，这样长的杠杆很不好做，即使做出来也不能用。因此，"发引千钧"是根本做不到的。

杠杆原理亦称"杠杆平衡条件"。要使杠杆平衡，作用在杠杆上的两个力（用力点、支点和阻力点）的大小跟它们的力臂成反比。动力×动力臂＝阻力×阻力臂，用代数式表示为 $F_1 \cdot l_1 = F_2 \cdot l_2$。式中，$F_1$ 表示动力，l_1 表示动力臂，F_2 表示阻力，l_2 表示阻力臂。从上式可看出，欲使杠杆达到平衡，动力臂是阻力臂的几倍，动力就是阻力的几分之一。

▸▸ 知识点 ▸▸▸▸▸

杠　杆

在力的作用下如果能绕着一固定点转动的硬棒就叫杠杆。在生活中根据需要，杠杆可以做成直的，也可以做成弯的，但必须是硬棒。玩跷跷板、剪刀、扳子、撬棒等，都是杠杆。滑轮是一种变形的杠杆，且定滑轮是一种等臂杠杆，动滑轮是一种动力臂是阻力臂的 2 倍的杠杆。

延伸阅读

阿基米德能举起地球吗

"给我一个支点，我就能撬起地球！"相传这是古代发现杠杆原理的阿基米德说的话。

阿基米德知道，如果利用杠杆，就能用一个最小的力，把无论怎样重的东西举起来，只要把这个力放在杠杆的长臂上，而让短臂对重物起作用。

然而如果这个古代伟大科学家知道地球的质量是多么大，他也许就不会这样夸口了。让我们设想阿基米德真的找到了另一个星球做支点；再设想他也做成了一根够长的杠杆。你知道他得用多少时间才能把质量等于地球的一个重物举起，哪怕只举起 1 厘米呢？至少要 30 万亿年！

天文学家是知道地球的质量同样大的物体，如果把它拿到地球上称的话，它的重量大约是：6 000 000 000 000 000 000 000 吨。

如果一个人只能直接举起 60 千克的重物，那么他要"举起地球"，就得把自己的手放在一根这样长的杠杆上，它的长臂应当等于它的短臂的100 000 000 000 000 000 000 倍！

简单地计算一下就可以知道，在短臂的那一头举高 1 厘米，就得把长臂那一头在宇宙空间里画一个大弧形，弧的长度大约是：1 000 000 000 000 000 000 千米。

这就是说，阿基米德如果要把地球举起 1 厘米，他那扶着杠杆的手就得移动大到这样不可想象的一个距离！那么他要用多少时间才能做完这件事呢？如果我们认为阿基米德能在一秒中里把 60 千克的重物举高 1 米（这种工作能力已经几乎等于一马力），那么，他要把地球举起 1 厘米，就得用去 100 000 000 000 000 000 000 秒，或 30 万亿年！可见阿基米德根本无法完成这个任务。

简单机械

　　大家知道，任何复杂的机械总是由两类最基本的简单机械——杠杆和斜面组成的。在我国，这两种简单机械是什么时候出现的呢？说出来你一定会感到惊奇：是在几十万年前！

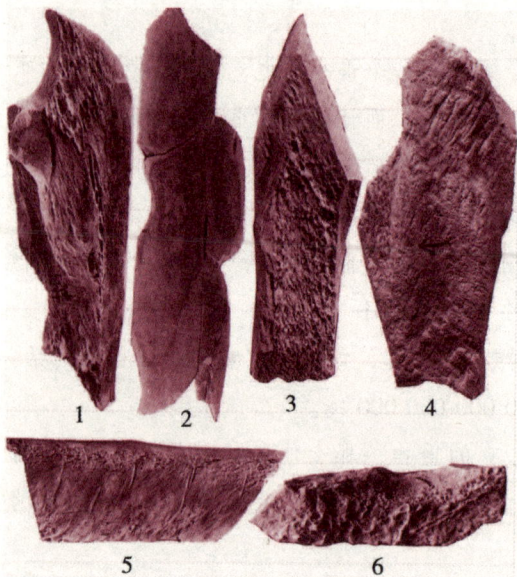

远古人使用的石器

　　远在四五十万年前，生活在北京附近周口店的猿人，曾制作过大量的工具，其中有不少是属于杠杆、斜面之类的简单机械。例如，他们折下一段树枝、木棒与野兽搏斗，或用它撬一块石头，他们实际上就是在使用杠杆。石器时代人们所用的石刀、石斧，都以天然绳索将它们和木柄捆束在一起；或者在石器上凿孔，装上木柄。这表明他们在实践中懂得了杠杆的经验法则：延长力臂可以增大力量。他们打制石器，多呈尖劈状，就是利用了斜面的原理。当然，所有这些，并不是有意识的发明。

　　既然简单机械在我国出现得这么早，中间经过我们智慧的祖先不断实践创造，那就无怪乎在春秋时代就有人想象效率千百倍于人力的机械了；也无怪乎像指南车、记里鼓车等光辉的机械发明，出现在千年前的我国。相传西周时，一个名叫偃师的人制作过一个"幻人"，四肢五官都能运动；三国时代"巧思绝世"的马钧发明过"水转百戏"，用水力推动的百戏塑型都能出入自如。这些一定都由复杂的机械组成。由此可见，在我国古代这两类简单机械是如何巧妙地被应用着。

（1）杠杆的应用。凡是一根硬棒，能绕一个固定点转动的就成了杠杆，利用它可以省力。有意识地利用杠杆原理以达到省力的目的，最早要算是殷代的一种挖土用的农具——"耒"。那是一段尖头的木棒，插入土中，用力在上端一扳，棒就绕支点转动起来，把土挖起。这里力臂大于重臂，可以省力，就是第一类杠杆。后来又把棒端改进成为弯曲的，并横装上一段短木。这样不但能使支点固定，而且便于使力。应该说这就是我国历史上对于曲杠杆的最早利用。《考工记》中曾对杠杆原理应用的实际经验进行了总结，认为弯曲的"耒"比直的好用。

耒

（2）杠杆的原理。对于杠杆的原理，我国古代很早就已有研究。《墨经》将秤的支点到重物一端的距离称为"本"（今天通常称它为重臂），将支点到另一端的距离称为"标"（今天称为力臂）。《墨经》写道：①当重物与标相等而衡器平衡时，如果加重物在衡器的一端，重物端必定下垂；②如果因为加上重物而衡器平衡，那是本短标长的缘故；③如果在本短标长的衡器两端加上重量相等的物体，那么标端必下垂。墨家在这里将杠杆平衡的各种情形都讨论了。他们既考虑了"本"与"标"相等的平衡，也考虑了"本"与"标"不相等的平衡；既注意到杠杆两端的力，也注意到力与作用点之间的距离大小。这些记载，在世界物理学史上都是非常有价值的，它比阿基米德（前287—212）发现杠杆原理要早200年。

（3）滑轮与辘轳滑轮，古代人称它为"滑车"。应用一个定滑轮，可以改变力的方向；应用一组适当配合的滑轮，可以省力。滑轮是杠杆的一种变形，在我国的发明也是很早的。至少从战国开始，滑轮在作战器械、井中提水等生产劳动中被广泛应用。传说公元前4世纪，巧匠公输般设计的很多战具上都配备有滑轮，他为季康子的母亲埋葬时下棺，也使用

F

G

滑轮组示意图

了滑轮。汉代画像砖和陶井模型都有滑轮装置。

（4）尖劈与斜面。尖劈能以小力发大力。早在原始社会时期，人们所打磨的各种石器，如石斧、石刀、骨针、镞等等，都不自觉地利用了尖劈的原理。墨家在讨论滑轮的功用，说到它省力时，就将它比喻为"锥刺"。汉代王充说："针锥所穿，无不畅达；使针锥末方，穿物无一分之深矣。"墨家和王充等人清楚地知道尖劈原理的经验法则。

耕犁在中国汉代的发明是对于人类的文明进步最有价值的尖劈原理的应用之一。犁的早期形式是耒耜（lěi sì），耜指翻土的铲，相当一种尖劈，犁铧和犁壁是翻土的主要部件。铧是用铸铁做成的等边三角形，两边削成薄刃，前端交为犁锋，也是尖劈。它的作用是把地面切开。壁也是用铸铁做的，形状不一样，大体上是一个抛物形的斜面，它的作用是将铧所切开掀起的泥土翻向某一侧面。至今，虽然犁的外形、大小、质地、发动力都有很大改进，而犁铧与犁壁的形状及机制并没有改变。

斜面的力学原理与尖劈相同。沿着斜面提升重物比竖直提起可以省力，这是大家都有的经验；楼梯是斜置的，不是竖立的，就是根据这个道理。据说楼梯在我国也有四五千年的历史了。战国时期墨家造过一种大型斜面车，专用在战争中搬运重物登城。这种车前轮矮小，后轮高大。前后轮之间装木板，就成为斜面。在后轮轴上系紧一绳索，通过斜板高端的滑轮将绳的另一端系在斜面重物上。这样，只要轻推车子前进，就可以把重物推到一定高度。这个斜面引重车，也许是当年墨家刻苦钻研的科学成果，而今天却是搬运工人的普通常识。

把斜面卷了起来就是螺旋。我国在明代就有了螺旋，不过当时不叫螺旋，叫做"丝转"。明末的方以智在《物理小识》一书中就明确地提到螺旋可以用来起重。这些都是斜面应用的进一步发展。由此可见，我国古代在各种简单机械方面，都有不同程度的成就，不但形式多样，而且运用得异常巧妙，并对其中某些机械还有过一定的理论研究。如春秋战国时期的《考工记》写道："登阤（zhì，即山坡）者，倍任者也。"这就是说推车上坡，要加倍费力气。当用双手举重物到一定高度与斜面将同样的重物升到同一高度时，自然后者容易得多。《荀子·宥坐》写道："三尺之岸而虚车不能登也，百仞之山任负车登焉。

何则？陵迟故也。"这就是说：人们不能将空车举上三尺高的垂直堤岸，却能将满载之车推上百仞高山。这是为什么呢？因为高山的路面坡度斜缓（"陵迟"）。这正是斜面物理功能的最好总结。

知识点

>>>>>

滑轮和滑轮组

由可绕中心轴转动有沟槽的圆盘和跨过圆盘的柔索（绳、胶带、钢索、链条等）所组成的可以绕着中心轴转动的简单机械叫做滑轮。实际中常把一定数量的动滑轮和定滑轮组合成各种形式的滑轮组。滑轮组既省力又能改变力的方向。工厂中常用的差动滑轮（俗称手拉葫芦、千斤坠）也是一种滑轮组。滑轮组在起重机、卷扬机、升降机等机械中得到广泛应用。

延伸阅读

楔子的传说

传说中黄帝发明的斧、凿，公输般发明的铲、刨等都是同样道理的东西。这方面最巧妙的应用要算是"楔子"。木工用小小的一片劈状木片打进木器需要紧固的部分，就能使它承受很大的力而不会脱出，这就是现代机械学上所谓的"自锁"，是一个"微不足道"的斜面发出的大力起着作用。唐代李肇讲过这样的一个故事：在苏州建造重元寺时，工匠疏忽，一根柱子忘了装顶垫，结果房子盖好后整个寺阁有点倾斜。若是把房子拆了重造，费工费事又费钱，不拆呢？新寺庙就是歪的，还不知何时有什么倒塌事故，因此寺主为此非常烦恼。有一天，外地来了一个和尚，他看此景，对寺主说："有办法。"于是寺主非常高兴，把他请到寺里。那和尚叫寺主为他准备几十个木楔。寺主请来了木匠，为和尚做了许多木楔，又摆了一桌丰盛的酒宴招待这个和尚。酒罢饭毕之后，只见那和尚怀里揣着那些木楔，手持斧头，攀梯登上阁顶。他东一楔，西一楔，时间不大几十个楔子楔完之后，便告别而去。十几天之后，这座寺阁竟然由斜变正了。小小的几个尖劈，其作用却如此巨大！

斜面轮轴起重车实验

我们的祖先以进行巨大的工程建设著称。遗留至今的万里长城和大运河，更被誉为古代世界的伟大奇迹。为了和平建设、日常生活和赢得战争，早在春秋战国时期，我们的祖先就发明出许多种简单机械：除杠杆外，还有轮轴和斜面等。它们都被广泛应用。

最有意思的莫过于《墨经》里记载的一项斜面轮轴起重车实验：用轮轴将一辆车子沿斜面拉上去。轮轴是变相的杠杆。春秋战国时代的轮轴主要是辘轳，今天农村还利用它来打水。将物品放在斜面上，它的重量就一分为二：一部分垂直作用在斜面上，另一部分沿斜面朝下，将物品沿斜面推上去，所用的力比沿斜面向下的分力稍大一些就行，显然这比徒手竖直提举它要省力。将物品放在车子上运也比直接放在地上拖要省力。将轮轴和斜面同车子结合做成斜面轮轴起重车，用来提举物品，就更省力。这是一种多么巧妙的创造！

辘　轳

知识点

辘轳

辘轳是一种古老的提取井水的起重装置。井上竖立井架，上装可用手柄摇转的轴，轴上绕绳索，绳索一端系水桶。摇转手柄，使水桶一起一落，提取井水。

辘轳也是从杠杆演变来的汲水工具。据《物原》记载："史佚始作辘轳"。史佚是周代初期的史官。早在公元前1100多年中国已经发明了辘轳。到春秋时期，辘轳就已经流行。

辘轳的制造和应用，在古代是和农业的发展紧密结合的，它广泛地应用在农业灌溉上。辘轳的应用在我国时间较长，虽经改进，但大体保持了原形，说明在3000多年前我们的祖先就设计了结构很合理的辘轳。

延伸阅读

省力的杠杆工具

山东武梁祠汉画像石之一，有 幅描绘了人们从水中打捞铁鼎的画面：河岸两边各有3个人前后拉着绳子，脚蹬河岸斜坡，弯腰使劲，绳子一端通过滑轮连接在铁鼎上；上下左右，众人围观。它描述的是秦始皇"泗水取鼎"的故事。传说，大禹造了9个大鼎，以便人们识别善恶。九鼎从夏传到商、周，成了最高统治者权力的象征。在周赧王十九年（前296），秦昭王从周王室取走了九鼎，不幸途中一鼎竟然掉入泗水河。后来，秦始皇去东海觅"神仙"，路过此地，便命千人入泗水河打捞宝鼎。可是，当宝鼎刚拉出水面，一条龙冲出，咬断绳索，宝鼎又沉落河底。画面生动地刻画了绳子断裂的一刹那，拉绳人仰面朝天的情景。这幅画和这个故事表明那时候普遍使用滑轮。滑轮的另一种形式是辘轳。将一根短圆木固定于井旁木架上，圆木上缠绕绳索。索的一端固定在圆木上，另一端悬吊木桶。转动圆木即可提水。只要绳子缠绕得当，绳索两端都可以悬吊木桶。一桶提水上升，另一桶往下降落，这就可以使辘轳总是在做功。辘轳大概起源于商末周初。据记载，周武王时，有人用辘轳架索桥，穿越沟堑。唐代刘禹锡（772—842）描写了他亲自所见的一种称为"机汲"的提水机械，它是将辘轳与架空索道联合并用，以便将山下流水一桶桶地提上山顶，既浇田地又省力。相传这辘轳是周代史佚发明的。这当然是不可信的，因为在旧社会，总是把劳动人民的创造挂在统治者名下。公元3世纪的时候，曾发生过这样一件事：魏明帝建造了一座极高的台，上面挂着写有"凌云台"三字的大匾额，是大书法家韦诞写的。魏明帝看了不满意，就命令把韦诞装在笼子里用辘轳升起他上去改正。这老头子吓得头发一下子白了，竟告诫儿子千万不要再学写字了。

子贡推广桔槔碰壁

孔夫子有个学生叫子贡。他是当时能与诸侯分庭抗礼的卫国（在今河南省）富商，对实用技术比较关心。有一次他从南方的楚国北返，经过晋国汉阴（在汉水以北）地方，见到一个老头在浇菜。老头采用的是远古的笨办法：从地面开凿一条隧道通到井下，一次次地由隧道下井，用瓦罐打满水抱上去浇菜，既费劲，效率又低。子贡忍不住向老头宣传推广起桔槔来。说桔槔打水好像温泉的涌溢，一天能浇菜100畦，用力小，效率高。想不到这老头很保守，认为采用新技术会把人心搞乱。他不仅

桔槔

不采纳子贡的意见，反而将好心好意的子贡数落了一顿。这个故事说明，早在二千几百年前的春秋时代（前770—前476），我国已经有桔槔了。

桔槔的结构，相当于一个普通的杠杆。在其横长杆的中间由竖木支撑或悬吊起来，横杆的一端用一根直杆与汲器相连，另一端绑上或悬上一块重石头。当不汲水时，石头位置较低（位能亦小）；当要汲水时，人则用力将直杆与汲器往下压，与此同时，另一端石头的位置则上升（位能增加）。当汲器汲满后，就让另一端石头下降，石头原来所储存的位能因而转化：通过杠杆作用，就可能将汲器提升。这样，汲水过程的主要用力方向是向下。由于向下用力可以借助人的体重，因而给人以轻松的感觉，也就大大减少了人们提水的疲劳程度。这种提水工具，是中国古代社会的一种主要灌溉机械。

知识点

桔 槔

桔槔是一种用来从井里打水的杠杆装置：在井边立一根直柱，上面悬一根杠杆；杠杆前端挂水桶，后端绑上配重（石头或树段）。不打水的时候，后边的力矩（配重×力臂）大于前边的力矩（空水桶重×重臂），使它的前端翘起挺高。打水的时候，将挂水桶的绳索往下拽。水桶一打满水，又变成前边的力矩（满水桶重×重臂）大于后边的力矩（配重×力臂）。这时往上提水，人花的力气就小于一桶水的重量，相当省力。

延伸阅读

《天工开物》

《天工开物》是世界上第一部关于农业和手工业生产的综合性著作，是中国古代一部综合性的科学技术著作，有人也称它是一部百科全书式的著作，作者是明朝科学家宋应星。外国学者称它为"中国17世纪的工艺百科全书"。作者在书中强调人类要和自然相协调、人力要与自然力相配合。《天工开物》对中国古代的各项技术进行了系统的总结，构成了一个完整的科学技术体系。书中收录了农业、手工业、工业——诸如机械、砖瓦、陶瓷、硫磺、烛、纸、兵器、火药、纺织、染色、制盐、采煤、榨油等生产技术。尤其是机械，更是有详细的记述。

不老实的称货法

旧社会里不老实的商人这样称量货物：他不是把最后用来取得平衡的一份货物放到秤盘上，而是从高一些的地方把它丢下去。这时候天平盛货物的一面就倾侧下去，欺骗了老实的顾客。

假如顾客能够等到天平停下来，那么他会发觉所称的货物还不够使天平平衡。

天　平

原因是，落下的物体加到着力点的压力，要超过物体本身的重量。这可以从下面的计算来看清楚。设有10克重量从10厘米高的地方落到秤盘上。这个重量落到秤盘的时候，应该有的能量等于重物重量和落下高度的相乘积：

0.01千克 × 0.1米 = 0.001千克米。

这个能量消耗在使秤盘下沉上面，假定下沉了2厘米。设用 F 表示这时候作用在秤盘上的力。从方程式

$$F \times 0.02 = 0.001$$

得到：$F = 0.05$ 千克 $= 50$ 克。

你看，这一份货物的重量虽然只有 10 克，落到秤盘的时候，除了本身重量以外，还产生 50 克的压力。顾客离开柜台的时候，以为货物称得一点不错，其实呢，却少称了 50 克。

知识点

天平秤

　　天平秤是一种用来称重量的工具，主要组成部件有左、右托盘、底座、横梁（含平衡螺母）、分度盘、指针、标尺、游码。天平秤一端是砝码，放在天平的一端作为重量标准的金属块或金属片，大小不一，各有一定重量；另一端有一个托盘，用来放置被称的物品。

　　天平秤的工作基准组及标准砝码通常分为千克组（1～20kg）、克组（1～50g）和毫克组（1～500mg），根据需要还可以有微克组或其他种砝码组合（如在台秤上采用的增砝组）。

　　砝码的组合形式通常有 5、3、2、1、5、2、2、1 和 5、2、1、1。使用时，不能用手捏，只能用镊子夹。

　　天平秤一般用于科研机构、学校实验室、药店等场所，用来称一些小计量物品。

延伸阅读

秤的历史

　　杠杆秤的历史悠久，远在四五千年前的黄帝时代，我们的祖先就发明了天平。今天我们还能在博物馆里见到二千几百年前的春秋战国时代的天平。这些古代天平与我们今天在实验室里见到的现代天平基本道理一样，而模样却大不相同。它有一根木质或青铜质的秤杆。秤杆的中点系着提挈用的绳子，两端则各固定悬挂一个秤盘。一个秤盘放待称的物品，另一个秤盘放砝码。有意思的是，当时的砝码是一整套大小不一的青铜圆环。古天平是杠杆秤家族的第一代，是老爷爷辈。

天平的基本特点是秤杆挂砝码的一边（力臂）与挂物品的一边（重臂）长度相等。因此放的砝码应当与待称物品重量相等。这就使天平只适用于称量较轻的物品。要称量几十、几百斤物品，就得放几十、几百斤砝码，这太麻烦！在天平出现两千多年后，古代制秤匠师们终于摸索出"小小秤铊压千斤"的巧办法，把这个问题解决了。不过，这时出现的还不是像今天这样的提系杆秤，而是不等臂秤。不等臂秤的特点是：秤杆上有尺寸刻度；挂物品的绳子和挂秤铊的绳子都可以在秤杆上滑移；不再采用成套的砝码，而采用一个重量固定的秤砣。我们在博物馆里可以见到公元前5世纪或更早的齐国（在今山东省北部、东部）、共国（在今河南省辉县等地）不等臂秤的秤铊，和公元前4世纪的楚国宫廷里用的不等臂秤的秤杆。中国发明不等臂秤比欧洲早3个世纪。不等臂秤是杠杆秤家族的第二代，是爸爸一辈。

然而，不等臂秤不像后来的提系杆秤那样能直接读出物品的重量，而必须用公式（力臂×秤砣重量＝重臂×物品的重量）算出物品的重量，使用起来不太方便。于是在不等臂秤使用1 000多年后，到南北朝时代（420—589），制秤匠师们又创造出提系杆秤。提系杆秤是杠杆秤家族的第三代，算是小孙子辈。它结构简单，使用方便，一千几百年来一直受到普遍欢迎，至今还在为我国"四化"建设出力。

重心与平衡

重力是人们所熟悉的力，也就是重量，是地球对物体的引力，任何物体都要受到的力。我国古代很早就对重力有所认识，并利用它为人们代劳。传说黄帝的臣子雍父发明了杵（chǔ）臼，那是专门靠本身的重力来工作的器械。可以说，我国4 000多年前就知道运用重力了。

物体重力的集中作用点叫做重心。要使物体平稳地置于桌面上，就要考虑它的重心与平衡的问题。从物理学观点看，通过该物体的重心与桌面垂直的线（或面）要维持在该物体的支持面内，否则，该物体就很容易倒下。在日常生活中涉及重心与平衡的例子随手可拾。商代的酒器斝（jiǎ）有3条腿，它的重心总是落在三足点形成的等边三角形内。西汉中山靖王的雀铜灯，体现了工匠关于重心的巧妙构思。东汉铜奔马，三足腾空、一足落地。但因它的重心刚好落在支撑足上，因此，即使支撑面很小，表面看来容易倾倒，事实上也是稳定平衡的。在杂技表演中，走绳的演员，总是手里拿着一根长杠或举一把伞。这些道具

斝

或造型，不仅在于美与险的结合，使人惊心动魄，更主要的是表演者必须采取的安全措施：保持自己的重心与平衡。

大概在西周时期，聪明的工匠制造了一件"欹（qī）器"。"欹"即倾斜。它可以随盛水的多少而发生倾斜变化。不装水时，它呈倾斜状态；装上一半水时，就中正直立；装满水时，它就自动翻倒，而且将它所盛的水倒出来。《荀子·宥（yòu）坐》将它描写为"虚则欹、中则正、满则覆"。所以会出现这种现象，是由于欹器的重心随着盛水的多少而发生变化的缘故。有一天，孔子在鲁庙中看到了这种欹器，因为他事先听说过它的特性，所以就叫同行的儿子伯游拿水来做试验。果然，当全空时它就倾侧着；贮水半满时恰恰正立；全满时又倒过来了。但是这位"至圣先师"却不能解

铜奔马

欹　器

释它的原理，只好感慨地告诫他的弟子：要谦虚，切戒自满。这件神秘的东西后来失传了。据说南北朝的科学家祖冲之，唐代的机械制造家李皋都重造过，但也失传了。古书上没有记载它的构造与原理，所以欹器的秘密始终没有揭开。

新中国成立后，考古工作者在西安附近的半坡村掘得一个陶瓶，它腹大、口小、底尖并带有两个耳环。据鉴定这就是欹器，是 6 000 年前的遗物。原物既然存在，就不难用物理学原理去解释它的特性，阐发我们祖先的用心了。原来，它是远古时期人们用来汲水和盛水的。因为瓶底是尖的，重心就高在支点（耳环）以上，因此用绳子拴在耳环吊着的时候，就容易倾侧。加入一些水后，下面加重了，重心便移到支点以下，所以就立正了。当水加满时，由于上部容量大于下部，重心又移到支点以上了，于是陶瓶又倒了。用这样的瓶子取水时，空着放到水面便自动倾斜，汲水将满时，不必用手扶它就能自动立正。装入水后挂着，因为重心正在支点以下很近的地方，取用水时只轻轻一扳，很省力。这样看来，"欹器之谜"的谜底就是利用重力帮助人们做功。

知识点 ▶▶▶ ▷▷▷▷▷

引　力

所有物质，之间都互相存在的吸引力，与物体的质量有关。物体如果距离过近会产生一定的斥力。牛顿发现了引力问题，传说是他在思考问题时被苹果砸在头上，想到了引力的问题。但是对为什么产生引力目前没有解释。引力的产生与质量的产生是联系在一起的，质量是由空间的变化产生的一种效应，引力附属质量而出现。引力定律：两物体间的引力与它们的质量成正比，与距离的平方成反比。引力是质点吸引其他质点而本身受到的力。

延伸阅读

铁棒的重心

一根铁棒，在正中心钻了一个孔，孔里穿过一条很牢固的细金属丝，使铁棒能够像绕水平轴线一般地转动。问如果把棒转动，它要停在什么位置上？

人们时常回答说，铁棒要停在水平位置上，"这是唯一可维持平衡的位置"。很难使他们相信，这个支持在重心上的铁棒，能在任何位置上保持平衡。为什么这样一个简单题目的正确答案，很多人却认为不能相信呢？因为一般人看到过的大多是在棒的中央用线挂起来的情形：这种棒的确要在水平的位置才会平衡。因此人们就急于做出了结论，认为贯穿在轴上的铁棒也只有在水平的位置上才能平衡。

但是用线挂起来的棒和贯穿在轴上的棒，条件并不相同。穿了孔支持在轴上的棒，是严格地支持在它的重心上的，因此是在所谓随遇平衡的状态。而悬挂在细线上的棒，悬挂点并不正在重心上，而是在比重心高一些的地方。这样悬挂的物体，只能在它的重心跟悬挂点在同一条竖直线上的时候，就是当棒在水平位置的时候才能静止；在倾斜的时候，重心就要离开竖直线。正是这个常见的情况干扰了许多人，使他们对支持在水平轴上的铁棒能够在倾斜位置上平衡这一点不能同意。

悬锤和摆

悬锤和摆，无疑是科学上采用的各种仪器当中最简单的一种物理装置（至少在思想上是这样）。最使人惊奇的是，利用这么简单的工具，竟能得到简直神话般的结果：在它们的帮助之下，人们的思想能够深入到地球的核心，知道我们脚底下几十千米地方的情况。我们非常珍视科学的这个成果，假如我们想起世界上最深的钻井不超过几千米，就是远不及在地面上的悬锤和摆所探测的深度。

悬锤的这种用途的力学原理并不难理解。假如地球完全是均匀的，悬锤在任何一个地点上的方向就可以用计算方法算出来。但是地球表面或深处的质量分布并不均匀，这就改变了这个理论上的方向。例如，在高山附近，悬锤会稍稍向山的一面偏斜，山离得越近，山的质量越大，悬锤偏斜得也越厉害。相反地，地层里的空隙会对悬锤起一种仿佛排斥的作用：

悬锤会被四周质量吸引到相反的方向去（这时候排斥力的大小，等于这个空隙被填满的时候这些填充物的质量所应该产生的引力）。悬锤还不只是被空隙所排斥，只要蕴藏物质的密度比地球基本地层的密度小，悬锤也会受到排斥，只是排斥力比较小些。这样我们看到，悬锤可以用来做工具，帮助我们判断地球内部的构造。

在这方面，摆有更大的功用。这个仪器有下面的性能，如果摆动的幅度不超过几度，它每一次摆动的时间——周期——几乎跟摆幅的大小无关：无论大摆动或小摆动，摆的周期都相同。摆的周期是跟另外一些因素有关的，即与摆的长度和地球的这个位置上的重力加速度有关。小摆动的时候，每一次摆动（摆过来又摆过去）所需的时间被称为周期 T，T 跟摆长 L 度 g 之间的关系为：

$$T = 2\pi \sqrt{L/g}$$

这里，假如摆长 L 用米计算，重力加速度 g 就应该取每秒每秒米的单位。

研究地层构造的时候，如果使用"秒摆"，就是每秒摆动一次（向一个方向摆动一次，一来一去算两次）的摆，那就应该有这个关系：

$$\pi \ \sqrt{L/g} = 1$$

所以 $L = \dfrac{g}{\pi \times \pi}$。

显然，重力的一切变动都要影响到这种摆的长度：调节摆的长度，增加或缩短，才能达到一秒钟摆动一次的目的。小到原来重力的万分之一的重力变化，也可以用这种方法探得。

我们不打算描述使用悬锤和摆来进行这类研究的技术（这个技术比我们所能想象的复杂得多）。这里我们只打算介绍几个最有趣的结果。

初看仿佛悬锤在海岸边应该偏向大陆，像和它偏向山脉的情况一样。但是实验没有证实这种想法。摆证明说，海洋和海岛上的重力作用要比海岸边的大，而在海岸边又比在离海岸远的大陆上大。这说明什么呢？很显然，这说明组成大陆底下的地层的物质比海底下的轻。地质学家就是根据这些物理事实给我们的珍贵的指示，来推测组成我们这个行星外壳的岩石的。

这一种研究方法，在查明所谓"地磁异常区"的原因的时候，起了不可代替的作用。

物理学在许多离它仿佛很远的别的部门里的实际应用有许多例子，这就是这些例子当中的两个。

目前科学上有了另一种精确记录重力异常的方法。我们地球不是标准的球形，构造上也不是绝对均匀，这些都影响到人造地球卫星的运动。人造地球卫星在山脉上空或地质密度很大的地方上空飞行的时候，从理论上说，它应该在这些地方比较大的质量的吸引下略为下降，运动速度却应有所增加。固然这个效应实际上只能当卫星在地面以上相当高的高空飞行的时候才能记录得到，那里的大气阻力才不致影响卫星的正常运动。

知识点

摆

摆是一种实验仪器，可用来展现种种力学现象。最基本的摆是悬挂于定点，能在重力影响下往复摆动的物体。因为摆一次全振荡的时间间隔（周期）是恒定的，它通常用作校准如钟这类机械装置的运动的主要机件。意大利物理学家伽利略首先研究了单摆，荷兰的C·惠更斯研究了复摆，他们为摆的力学理论奠定了基础。单摆由悬在质量可以忽略的细杆下端的摆锤构成。悬挂点到摆中心的长度越大，摆的周期越长。摆的长度确定后，摆锤质量的变化对周期无影响，但是摆在地球上的位置对周期却有影响。复摆是在重力作用下能绕固定转轴摆动的物体。复摆运动规律和性质类似单摆。利用复摆可以测量一些刚体对某轴的转动惯量。此外，还有扭摆、可逆摆、等时摆等物理学装置。

延伸阅读

在水里的摆

[题] 试设想挂钟的钟摆在水里摆动，它的摆锤是"流线"形的，可以使水对摆锤的阻力几乎减低到零。问摆的摆动周期比在水外的时候长些还是短些？简单地说，摆在水里摆得比在空气里快些还是慢些？

[解] 摆既然在阻力极小的介质里摆动，仿佛没有什么会显著地改变它的摆动速度的。可是实验告诉我们，在这种条件下，摆的摆动要比介质阻力所能解释的还要慢。

这个初看像谜一般的现象，是这样解释的：水对浸在水里的物体有排挤作用，这个作用仿佛减少了摆的重量，却没有变动它的质量。因此，摆在水里的情况就跟我们假定把摆放到重力加速度比较弱的另外一个行星上的情况完全相同。

从前面所举的公式 $T = 2\pi\sqrt{L/g}$，可知重力加速度减小的时候，摆动周期 T 应该增长，就是摆要摆动得慢些的原因。

航天器的重心

人们可能以为，年轻而前途无限的最新技术产儿——喷气发动机——破坏了重心运动定律。星际航行家想使航天器飞到月球——只在内力的作用下飞到月球。但是，很明显，航天器会把它的重心也一起带到月球上去。在这样的情况下，我们的定律该怎么说呢？航天器的重心在飞出之前是在地球上的，而如今它却跑到月球上了。对于重心运动定律的破坏，没有比这再明显的了！

有什么能驳倒这种论证呢？有的，这就是，上面的论证是建立在误会的基础上的。假如火箭喷出的气体不碰到地面，那就很明显，飞船根本不会把自己的重心和自己一起带到月球上去。飞到

火 箭

月球上去的只是航天器的一部分：其余部分——燃烧的产物——却向相反方向运动，因此整个系统的惯性中心仍然停留在火箭起飞以前的老地方。

现在，让我们注意一个事实，就是喷出的气体并不是毫无阻碍地运动，而是冲击到地球上的。这样一来，就把整个地球包括到火箭系统里了，因此应该谈地球—火箭这个巨大系统的惯性中心是不是留在原来地方的问题。由于气流对地球（或者地球上的大气）的冲击，地球略略有了移动，它的惯性中心跟火箭运动相反的方向移动了一些。但是地球的质量比火箭质量大得太多了，所以最微小的、实际上捉摸不到的地球的移动，已经足够把地球—火箭系统重心由于火箭向月球飞行所产生的移动抵消了。地球的移动比火箭到月球的距离少得多，地球质量是火箭质量的多少倍，地球移动就是火箭到月球的距离的多少

分之一（相差几百万万万倍）。

这里我们看到，即使在这种特别的情况下，惯性中心运动定律也并没有失掉它的意义。

知识点

重　心

重心，是在重力场中，物体处于任何方位时所有各组成质点的重力的合力都通过的那一点。规则而密度均匀物体的重心就是它的几何中心。不规则物体的重心，可以用悬挂法来确定。物体的重心，不一定在物体上。另外，重心可以指事物的中心或主要部分。

延伸阅读

寻找重心的方法

下面是一些寻找形状不规则或质量不均匀物体重心的方法。

1. 悬挂法

只适用于薄板（不一定均匀）。首先找一根细绳，在物体上找一点，用绳悬挂，画出物体静止后的重力线，同理再找一点悬挂，两条重力线的交点就是物体重心。

2. 支撑法

只适用于细棒（不一定均匀）。用一个支点支撑物体，不断变化位置，越稳定的位置，越接近重心。

一种可能的变通方式是用两个支点支撑，然后施加较小的力使两个支点靠近，因为离重心近的支点摩擦力会大，所以物体会随之移动，使另一个支点更接近重心，如此可以找到重心的近似位置。

3. 针顶法

同样只适用于薄板。用一根细针顶住板子的下面，当板子能够保持平衡，那么针顶的位置接近重心。

与支撑法同理，可用 3 根细针互相接近的方法，找到重心位置的范围，不过这就没有支撑法的变通方式那样方便了。

4. 用铅垂线找重心（任意一图形，质地均匀）

用绳子找其一端点悬挂，后用铅垂线挂在此端点上（描下来）。而后用同样的方法作另一条线。两线交点即其重心。

省力的盘山公路

公路经过高山峻岭的时候，都是根据地形修成弯弯曲曲的形状，盘旋而上，迂回而下。

翻山越岭的公路为什么不能直上直下呢？这是因为，盘山公路和直上直下的路相比，车辆爬起坡来比较省力，行车也比较安全。

人们从生产实践中懂得：如果要从地面上把笨重的货物垂直地搬到高处去，那是很费力的。要是搭上一块板，形成一个斜面，把货物沿着这个斜面推上去，要比竖直搬上去省力得多。搬运工人往卡车上搬东西的时候，都要搭上一块倾斜的木板，就是为了省力。

物理学家通过实验得知：利用斜面搬运东西，当高度固定的时候，斜面越长越省力，具体来说，斜面的长

盘山公路

度是斜面的高度的几倍，被举起的重量就是所用力的几倍。用公式表示，就是：

斜面的长度/斜面的高度＝举起的重量/所用的力

前面的式子也可以写成：

所用的力＝斜面的高度/斜面的长度×举起的重量

通常把斜面的高度与斜面的长度的比值叫做斜面的坡度。从上面的式子可以看出，利用斜面举起一个重物，斜面的坡度越小越省力。在崇山峻岭上修公路，实际上就是造一个长的斜面。要想使车辆爬起坡来省力，就要尽量使公路的坡度小一些。山的高度是固定的，只有用增加路面长度的方法来减小坡度。因此，就把山上的公路修成弯弯曲曲的形状了。

现代的立体交叉公路桥上也运用了斜面省力的原理。如，北京市建国门、西直门的立交桥，都是我国近年来新建的立体交叉公路桥。它们设计合理，宏伟壮观。这些立交桥，结构轻巧，两层或三层重叠，各层之间、各个方向都设有专用的"坡道"，可以互相转向和相通，各个方向行驶的车辆都能畅通无阻，互不干扰。这样，既提高了行车效率，又保证了交通安全。其中的"坡道"就是斜面，它不单是把各层公路连通起来，同时还能使爬坡的车辆和行人比较省劲。

在日常生活中，只要你细心观察，就会发现，人们利用斜面原理的地方是很多很多的。

知识点

斜　面

斜面是简单机械的一种，可用于克服垂直提升重物之困难。距离比和力比都取决于倾角。如摩擦力很小，则可达到很高的效率。用 F 表示力，s 表示斜面长，h 表示斜面高，物重为 G。不计无用阻力时，根据功的原理，得 $W = Fs = Gh$。

同水平面成一向上倾斜角度的平面，沿垂线向上举物体费力，若把物体放在斜面上，沿斜面往上推或拉就可以省力。设重量为 G 的物体放在升角为 α 的斜面 AB 上。当物体静止或做匀速直线运动时，若不考虑摩擦，则由静力学平衡条件可知重力 G、沿斜面的拉力 F 和斜面的法向反力 N 构成一封闭力三角形 $F = G\sin\alpha$。因 F 为输入力，G 为输出力，所以斜面的机械效率 $= G/F = 1/\sin\alpha = s/h$。这就是斜面原理：输出力同输入力之比等于直角三角形 ABC 中的斜边同一直角边之比。因 $s > h$，所以斜面的机械效率小于 1。盘山公路、物料运输机中的斜面传送带等就是斜面原理的具体应用。

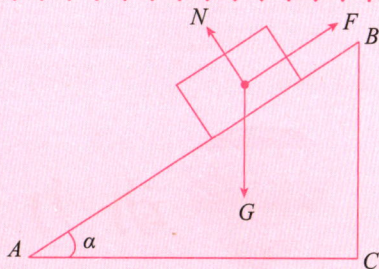

延伸阅读

斜面分类

斜面按其形状可分为：

等齐斜面。实地坡度基本一致的斜面叫等齐斜面，全部斜面均可通视。地图上，从山顶到山脚，间隔基本相等的一组等高线，表示为等齐斜面。

凸形斜面。实地坡度为上缓下陡的斜面叫凸形斜面，部分地段不能通视。地图上，从山顶到山脚，间隔为上面稀、下面密的一组等高线，表示为凸形斜面。

凹形斜面。实地坡度为上陡下缓的斜面叫凹形斜面，全部斜面均可通视。地图上，从山顶到山脚，间隔为上面密、下面稀的一组等高线，表示为凹形斜面。

波状斜面。实地坡度交错变换、陡缓不一、呈波状形的不规则斜面叫波状斜面，若干地段不能通视。地图上，表示该状斜面的等高线间隔稀密不均，没有规律。

日常生活中所用的螺丝钉，就是斜面原理的最好体现。其他的还有金字塔、楼梯、登机桥、扶梯等。

动力学

DONGLIXUE

　　动力学是理论力学的一个分支学科，以牛顿运动定律为基础，主要研究作用于物体的力与物体运动的关系。动力学的研究对象是运动速度远小于光速的宏观物体。基本内容包括质点动力学、质点系动力学、刚体动力学、达朗贝尔原理等。以动力学为基础而发展出来的应用学科有天体力学、振动理论、运动稳定性理论，陀螺力学、外弹道学、变质量力学，以及正在发展中的多刚体系统动力学等。

　　动力学是物理学和天文学的基础，也是许多工程学科的基础。例如，牛顿发现了万有引力定律，解释了开普勒定律，为近代星际航行，发射飞行器考察月球、火星、金星等等开辟了道路。

作用力和反作用力

　　当你打算开门的时候，一定要把门上的手柄向着自己拉过来，你臂上的肌肉收缩起来，使它的两端接近：它用相同的力量把门和你的身体互相拉近。这时候，很明显地，在你的身体和门之间作用着两个力，一个作用在门上，另一个作用在你的身体上。如果门不是向你打开而是由你身前推开的话，所发生的情况自然也是一样：力把门和你的身体推开。

这里谈到的关于肌肉力量的情况，对于所有各种力，都完全相同，不管那些力的本质怎么样。每一个力都向两个相反的方向作用，打个比喻，它有两个头（两个力）：一头加在我们平常所谓受力的物体上，另一个加在我们所谓施力的物体上。这几句话在力学里一般说得很简短，简短到简直不容易清楚地理解了，那就是"作用力等于反作用力"。

这个定律的意思是，宇宙间的力都是成对的。每一次表现出有力作用的时候，你应当设想另外一个什么地方还有另外一个跟它相等但是方向相反的力。这两个力必然是作用在两个点之间，使它们接近或离开。

现在让我们来研究作用在氢气球下面的坠子上的 3 个力 P、Q 和 R。氢气球的牵引力 P、绳子的牵引力 Q 和坠子的重量 R 这 3 个力，仿佛都是单独的。但是这只是脱离实际的感觉；实际上这 3 个力每一个都有跟它相等而方向相反的力。具体地说，跟力 P 的作用相反的力是加在系气球的绳子上的，这个力就是通过这段绳子传递到气球上的；跟力 Q 的作用相反的力作用在手上；跟力 R 的作用相反的力加在地球上，因为坠子不但受到地球引力，同时也吸引着地球。

还有一点值得提出。如果我们问：绳子两端各有 1 千克的力在向两端拉扯的时候，绳子的张力有多少，实质上就像是在问 10 分邮票的价值是多少。问题的答案就包含在问题本身里；绳子所受的张力是 1 千克。说"绳子被两个 1 千克的力拉扯着"，或是说"绳子受着 1 千克的张力"，完全是一回事。因为除掉由两个作用方向相反的力所组成的 1 千克的张力而外，不可能再有别的什么 1 千克的张力。

氢气球

知识点

>>>>>

氢 气

氢气是世界上已知的最轻的气体。它的密度非常小，只有空气的1/14，即在标准大气压，0℃下，氢气的密度为0.0899g/L。所以氢气可作为飞艇的填充气体（由于氢气具有可燃性，安全性不高，飞艇现多用氦气填充）。灌好的氢气球，往往过一夜，第二天就飞不起来了。这是因为氢气能钻过橡胶上人眼看不见的小细孔，溜之大吉。不仅如此，在高温、高压下，氢气甚至可以穿过很厚的钢板。工业上，氢气主要用作还原剂。

延伸阅读

马车轮子大小

许多马车的前轮一般都比后轮小些，即使前轮不担任转向作用，不放在车体底下的时候也是这样，这是什么缘故呢？

要想找出正确的答案，应当改变问题的提法。不要问为什么前轮比较小，而要问为什么后轮比较大。

马车前后轮

因为前轮比较小的好处是很明显的：前轮比较小，它的轴线就比较低，可以使车辕和挽索比较倾斜，这就可以使马容易把车子从道路的坑洼里拖出来。车辕 AO 倾斜的时候，马的拉力 OP 分解成了 OQ 和 OR 两个分力，就有一个向上作用的力（*OR*）帮助把车子从坑洼里拖出来。如果车辕是水平的，就不会产生向上作用的力；那时候要把车子从坑洼里拖出来就困难一些了。在保养良好的道路上，如果没有这种不平的路面，前轮轴就没有必要故意放低。汽车和自行车的前后轮就是同样大小的。

现在来谈正题：为什么后轮不做得跟前轮一样大小？原因在于大轮子比小轮子好，因为受到的摩擦比较小。滚动体的摩擦力跟半径成反比。这样后轮做得大些的好处就很清楚了。

惯性定律

现在，在我们已经讨论了作用力与反作用力之后，应该对发生运动的原因——对于力——说几句话。首先应该指出力的独立作用定律，这个定律是这样的：力对物体所起的作用，跟物体是静止的或者在惯性作用下或在别的力的作用下运动无关。

这是给经典力学奠定基础的牛顿三定律的"第二定律"的推论。三定律的第一定律是惯性定律；第三定律是作用力和反作用力相等的定律。

关于牛顿第二定律，本书下面要花一整章的篇幅去讨论，因此这里只简单谈几句。第二定律的意思是，速度的变化，它的度量就是加速度，是跟作用力成正比的，而且跟作用力的方向相同。这个定律可以用下式表示：

$$F = m \cdot a$$

式子里 F 是作用在物体上的力；m 是物体的质量；a 是物体运动的加速度。在这个式子里的 3 个量当中，最难懂的是质量。人们时常把质量跟重量混淆起来，但是事实上质量跟重量完全不是同一回事。物体的质量可以根据它在同一个力的作用下所得到的加速度来比较。从上式可以看出，物体在这个力的作用下所得到的加速度越小，质量就越大。

惯性定律虽然跟没有学过物理学的人的习惯看法相反，却是牛顿三定律当中最容易懂的一条。可是，有些人却往往对它完全误解。具体地说，时常有人把惯性理解为物体"在外来原因破坏它原有状况前保持它原有状况"的性质。

这个普遍的说法把惯性定律说成原因定律了，就是说如果没有原因，就什么都不会发生（就是任何物体不会改变它的状态）。真正的惯性定律不是属于物体的一切物理状况的，而只讲到静止和运动两种状况。它的内容是：

一切物体都保持它的静止状态或直线匀速状态，直到力的作用把它从这个状态改变为止。

这就是说，每一次，当物体

1. 进入运动的时候；

2. 把物体的直线运动改变成曲线运动或根本进行曲线运动的时候；

3. 使物体的运动停止、变慢或加快的时候，——我们都应该得出结论说，这个物体受到了力的作用。

但是如果物体在运动当中并没有发生上面说的 3 种变化的任一种，那么，即使物体运动得再快，也没有什么力在向它作用。一定要牢牢记住，凡是匀速直线运动的物体，都是不在任何力的作用之下的（或是作用在它上面的几个力互相平衡了）。现代力学的观念跟古代和中世纪（伽利略以前）思想家们的看法之间的主要区别就在这一点。这里，普通思维跟科学思维之间的出入极大。

上面所谈的同时还说明了为什么固定不动的物体的摩擦在力学上也当做力来看待，虽说摩擦仿佛不可能产生什么运动。摩擦所以是力，因为它阻滞运动。

这里我们再一次指出，一切物体并不是趋向于停留在静止状态，而是简单地停留在静止状态。这个区别就像一个足不出户的人跟只是偶尔在家、一有点小事情就要出门的人之间的区别一样。物体本质上根本不是"足不出户"的人，相反，它们是有高度活动性的，因为只要向一件自由物体加上即使是微不足道的力量，它就会开始运动。"物体趋向于保持静止状态"这句话所以不恰当，还因为物体脱离了静止状态以后，自己不会再回到静止状态上来，而且相反，却要永远保持着它的运动（当然这是指没有妨碍这个运动的力而说的）。

大多数物理学和力学课本里，不谨慎地使用了"趋向于" 3 个字，有关惯性的不少误解，就是从这里产生的。要想正确地理解牛顿第三定律，还有不少困难，我们现在就来讨论这个定律。

知识点

牛 顿

艾萨克·牛顿（1642—1727）是英国伟大的数学家、物理学家、天文学家和自然哲学家，其研究领域包括了物理学、数学、天文学、神学、玄学、自然哲学和炼金术。牛顿的主要贡献有发明了微积分，发现了万有引力定律和经典力学，设计并实际制造了第一架反射式望远镜等等，被誉为人类历史上最伟大，最有影响力的科学家。为了纪念牛顿在经典力学方面的杰出成就，"牛顿（N）"后来成为衡量力的大小的物理单位。

延伸阅读

克服惯性

我们时常读到和听到，为了使静止的物体开始运动，首先要"克服"这个物体的"惯性"。不过我们知道，一个自由物体对于要使它运动的力的作用一点也不会抗拒。那么，这里要"克服"的究竟是什么呢？

所谓"克服惯性"，这不过是表示这样一个意思，就是要使得任何一个物体得到一定的速度运动，需要一定的时间。任何力量，即使是最大的力，也不可能立刻使物体得到需要的速度，不管它的质量小到什么程度。这个意思包含在 $Ft = mv$ 这个简单的式子里，这个式子我们到下一章再谈，可能读者已经从物理课本上知道了。很明显，当 $t = 0$（时间等于零）的时候，质量 m 和速度 v 的乘积 mv 也等于零，因此，速度一定等于零，因为质量永远不会是零的。换句话说，假如不给力 F 表现它的作用的时间，这个力就不会使物体取得任何速度和任何运动。假如物体的质量很大，那就得有比较长的时间让力量能够使物体有显著的运动。我们就会感到物体并不是马上开始运动的，仿佛它在抗拒力的作用一般。正是因为这个缘故，人们才产生了这样的错觉，以为力量在使物体运动之前，应该"克服它的惯性"，克服它的惰性。

两只鸡蛋引发的问题

你两只手里各拿一只鸡蛋，把一只向另一只撞去。两只蛋都是一样的坚硬，而且都是用同一部分互相碰撞。问哪一只蛋会被撞破：被撞的那一只呢，还是去撞的那一只？

根据实验，被撞破的蛋多半是"运动着的蛋"，换句话说，就是去撞的那一只蛋。对于这一点，某杂志是这样解释的："鸡蛋壳的形状是曲面的，在碰撞的时候对那只不动的鸡蛋所加的压力，是作用在蛋壳外面的，而大家都知道，蛋壳像一切拱形的物体一样，很能受得住从外面来的压力。但是，作用在运动着的蛋上的力，情形就完全两样了。在这里，运动着的蛋黄和蛋白，在发生碰撞的一刹那，要从内部压向蛋壳。而拱形的物体抗受这种压力的能力是比抗受外来压力的能力低得多的，因此蛋壳就破碎了"。

伽利略

许多人认为被撞破的一定是去撞的那只蛋；另外一些人却认为这只蛋一定会保持完整。双方面的理由看来仿佛都很正确，其实这两种说法却都是根本错误的！这里想用论断来确定互撞的两只鸡蛋当中哪一只应该被撞破，根本是不可能的，因为在去撞的和被撞的蛋之间，并没有什么区别。我们不应该强调去撞的蛋是在运动的，而被撞的蛋是不动的。说它不动——是相对什么来说的呢？假如是对地球来说，那么，大家知道，我们的地球本身也是在群星之间运动着，而且是做着成10种不同的运动的呀！"被撞的"蛋跟"去撞的"蛋一样都有这许多运动，而且谁也不会说哪一只蛋在群星中间运动得更快一些。如果想根据动和静的特征来预言鸡蛋的命运，那就只有翻阅全部天文学著作，确定互撞的两只蛋当中每一只跟固定不动的星球的相对的运动。而且，即使这样，也还是不行，因为各个可见的星球也是在运动着的，而且它们的整体，银河系，也在跟别的星系相对地运动着。

看，这个鸡蛋壳的题目竟把我们引到无边无际的宇宙空间去了，而且问题还并没有接近解决。其实，不，应该说是接近了的，假如这次星空旅行帮助了我们，使我们明白了一个重要的真理：说物体运动而不指出是跟哪一个物体相对的运动，那只等于是一句废话。单独拿一个物体来说是无所谓运动的；要运动，至少要有两个物体——互相接近或互相远离。刚才那一对互撞的鸡蛋都是在相同的运动状态之下的。它们在互相接近——关于它们的运动，我们所能说的只有这些。至于碰撞的结果，却不因为我们喜欢把哪一只当做不动的、把哪一只当做在运动着的而有所不同。

300多年前，伽利略首先提出了匀速运动和静止的相对性。这是"经典力学里的相对论"，读者请勿把它和"爱因斯坦的相对论"混淆，后者是在20世纪初被提出来的，而且实际上是前面那个相对论的进一步的发展。

知识点

伽利略

伽利略（1564—1642）是意大利物理学家、天文学家和哲学家，近代实验科学的先驱者。其成就包括改进望远镜和其所带来的天文观测，以及支持哥白尼的日心说。当时，人们争相传颂："哥伦布发现了新大陆，伽利略发现了新宇宙"。今天，史蒂芬·霍金说，"自然科学的诞生要归功于伽利略，他这方面的功劳大概无人能及。"

延伸阅读

木马旅行

塞万提斯作品《堂吉诃德》有这么一个情景：在描述光荣的骑士和他的侍从骑木马旅行的一段里，人们向堂吉诃德说：

"假如这位骑士有侍从，可以骑在马屁股上。大勇士玛朗布鲁诺一口担保。他专等着比剑，这位骑士尽可放心前去，决没有谁暗害他。这匹马脖子上有个关捩子，只要扭动一下，它就把你们从天空直送到玛朗布鲁诺那里去。可是你们得把眼睛蒙上，免得飞高了头晕；等听见马嘶，就是到达地头的信号，到那时才能睁开眼。"

两人蒙上眼，堂吉诃德觉得一切就绪，就去拧那关捩子。

旁边的人于是使骑士相信他果然在空中"比射出的箭还快"地疾驰了。"我敢发誓，"堂吉诃德向侍从说，"我一辈子没乘过更平稳的坐骑，简直好像一步都没挪动似的。朋友啊，别害怕，事情实在很顺利。"

"是啊！"桑丘答道，"我这边的风大极了，好像一千只风箱正对着我吹呢。"
果然有几只大风箱正对着他们鼓风。

塞万提斯的木马，实际上是今天人们想出的，在展览会和公园里供游人消遣用的各种类似的游戏的原始形式。不管是木马也好，今天的一切类似的游戏也好，都是根据静止和匀速运动在机械效果上完全不可能分别的原理而来的。

步行的人和机车

常有这种事情，就是作用力跟反作用力加在同一个物体的不同地方上。例如，肌肉的张力或机车汽缸里的燃气压力就是这种所谓"内力"的例子。这种"内力"的特点是，它能在物体各部分相互连接的限制下，改变各部分的相互位置，但是无论如何不能使物体的所有部分得到一个共同的运动。步枪发射的时候，火药产生的气体作用在一个方向上把子弹推向前方，但是同时这个气体的压力向另一个方向作用，又使步枪后坐。火药气体的压力这样一个内力，不可能使子弹和步枪同时向前运动。

蒸汽机车

可是，既然内力不可能使整个物体移动，那么步行的人又是怎样行动的呢？机车又是怎样行驶的呢？说步行的人是在脚和地面摩擦作用下行进，机车是在车轮和钢轨摩擦作用下前进，这还并没解答了这个谜。当然，要使步行的人和机车行动，摩擦是完全不可缺少的：大家知道，在很滑的冰上不可能走路（有一句流行的俗话说："像牛在冰上一样"），也知道在很滑的钢轨上（例如结冰的轨道上），机车会"打滑"，就是说机车的轮子转着，而机车却还是停在老地方不动。可是，前面我们谈摩擦会阻滞已有的运动，又是怎样帮助步行的人或机车运动起来的呢？

这个谜解起来很是简单。两个内力同时作用，不可能使物体产生运动，因为这两个力只是使物体的各个部分离开或靠拢。但是，假如有某一个第三个力平衡了或减弱了两个内力当中的一个，情形又会怎样了呢？那时候就没有什么妨碍另一个内力去推动物体前进。摩擦正就是这第三个力，它减弱了一个内力的作用，就这样使另一个内力能够推动物体前进。

假设你站在很滑的表面上，例如站在冰面上，想走动起来。你用力想把右脚向前移出。在你身体各部分之间开始有内力按照作用力和反作用力相等的定律作用，这种内力很多，但是它们归根到底的作用就好像两脚受到两个力的作用一样，一个力 F_1 推动右脚向前，另一个力 F_2，跟第一个力大小相等而方向相反，使左脚向后。这些力作用的结果，只是使你的两脚分开来，一只向前，一只向后，至于你的身体，或者说得更正确些是身体的重心，却仍然留在原地。假如左脚支在粗糙的表面上（例如脚底的冰上撒了一层沙），那情形就完全两样了。那时候作用在左脚的力 F_2 被作用在左脚靴底的摩擦力 F_3 所平衡

步　枪

（完全平衡或局部抵消），而加在右脚的力 F_1，就推动右脚向前，全身重心也就跟着向前移动。事实上我们走路的时候，把一只腿向前伸，脚就抬了起来，这就减除了这只脚和地板之间的摩擦，而同时作用在另外一只脚上的摩擦力却阻止这另外一只脚向后滑动。

对于机车，情形比较复杂一些，但是这里问题也可以归纳成这样，作用在机车主动轮的摩擦力，要跟内力的一个相平衡，因此就有可能让另一个内力推动机车前进。

➠ 知识点 ▶▶▶▶

摩　擦

当物体与另一物体沿接触面的切线方向运动或有相对运动的趋势时，在两物体的接触面之间有阻碍它们相对运动的作用力，这种力叫摩擦力。接触面之间的这种现象或特性叫"摩擦"。摩擦有利也有害，但在多数情况下是不利的，例如，机器运转时的摩擦，造成能量的无益损耗和机器寿命的缩短，并降低了机械效率。因此常用各种方法减少摩擦，如在机器中加润滑油等。但摩擦又是不可缺少的，例如，人的行走，汽车的行驶都必须依靠地面与脚或车轮的摩擦。在泥泞的道路上，因摩擦太小走路就很困难，且易滑倒，汽车的车轮也会出现空转，即车轮转动而车体并不前进。所以，在某些情况下又必须设法增大摩擦，如在太滑的路上撒上一些炉灰或沙土，车轮上加挂防滑链等。

延伸阅读

疾驰列车

煤水车有时候可以在疾驰中加水。做法很巧妙，把一个大家都知道的机械现象"反转来"，这个现象是：假如把一段下端弯曲的管子直立地放到水流里去，使弯管子的开口端迎向水流，那么流来的水就会流进这个所谓"毕托管"里，并且在立管里达到比水面高的水平，所高出的高度 H 跟水流的速度有关。铁路工程师就把这个现象"反转"过来：他们使弯管子在静止的水池里移动，于是水就能升到比水池的水平面高的地方。这里，运动由静止来代替，而静止却由运动来代替。

火车在通过某一些车站的时候，有时候需要不停下来而让煤水车加水，在这种车站的两条钢轨中间设有一条长长的水槽。从煤水车的底部垂下一条弯管子，弯管子的开口端面向火车的运动方向。于是，水在管子里升起以后，就能进入到疾驰着的火车的煤水车里去。

使用这个巧妙的方法，能够把水提升得多高呢？在力学里面有一个分支，叫做水力学，是专门研究液体运动的，水力学的定律告诉我们，水在毕托管里所提升的高度，应该等于用水流的速度把物体向上竖直抛掷上去所达到的高度；假如不计算在摩擦、涡流等方面所消耗的能量的话，这个高度 H 可以用下式求出：

$$H = v^2/2g$$

式中，v 是水流速度，g 是重力加速度，等于 9.8 米/秒^2。在我们所讲的这个情形，水跟管子相对的速度等于火车的速度；取一个不大的速度 36 千米/小时来计算，那 $v = 10$ 米/秒；因此水提升的高度是：

$$H = v^2/(2 \times 9.8) = 100/(2 \times 9.8) \approx 5 \text{ 米}$$

从这里很明显地看到，不管由于摩擦或别的没有考虑到的原因所产生的损失有多大，水的提升高度是足够用来给煤水车加满水的。

船上决斗

我们可以设想有这么一个情况，一艘行驶着的船的甲板上有两个射手，互相用枪瞄准着。请想一下看，他们两个人所据有的条件是不是完全相同？那个背向船头的射手会不会抱怨说，他射出的子弹要比他的敌人的子弹走得慢一些呢？

当然，跟海面相对地看，逆着船行方向射出的子弹是要比在静止不动的船上飞行得慢些，而向船头射去的子弹要飞得快些。但是这情况丝毫也不影响射手所据有的条件，因为向船尾射去的子弹，它的目标正在向它迎面驶来，因此，当船在匀速运动的时候，子弹所减低的速度恰好给目标迎面而来的速度补偿了；至于射向船头的子弹却要追赶目标，那个目标正在离开子弹，它的速度就跟子弹所增加的速度相等。

结果是，两颗子弹跟各自的目标相对地说，运动得完全和在静止不动的船上一样。

自然，这里应该提醒一句，上面说的只是在依直线匀速前进的船上才适用。

这里可以引用伽利略著的最初谈到经典相对论的那本书里的一段（顺便说明，这本书几乎把它的主人带上了宗教裁判所的火堆上烧死）。

"试把自己和友人关在一只大船甲板底下的大房间里。假如船是在匀速运动着，那么你们就不可能一下子判断出船是在运动着呢，还是静止着。你们在那里跳远的话，在地板上跳出的距离就和在静止不动的船上跳出的一样。你们不会因为船在高速行进而向船尾跳得远些，向船头跳得近些——虽说你向船尾跳的时候，当你腾空跳起的瞬间，你脚底下的地板正向着跟你跳的相反的方向跑去。你如果丢掷一些东西给你的同伴，你从船尾丢向船头所花的力气并不要比从船头丢向船尾所花的更大……苍蝇也会四处飞行，而不会专在靠近船尾那一边停留"等等。

于是，一般用来说明经典相对论的下面一段话就容易理解了："在某一个体系里进行的运动的特性，并不因为这个体系是静止不动还是在跟地面相对地做着匀速直线运动而有所不同。"

知识点

匀速直线运动

做匀速直线运动的物体，在不同的位移或时间段中，位移与时间的比值是一个定值，称为速度，速度的大小直接反映了物体运动的快慢。在匀速直线运动中，平均速度和瞬时速度是一样的，平均速度的大小和平均速率也是相等的，匀速运动的位移和时间成正比，用公式表示为 $s=vt$。做匀速运动的物体加速度为零。

匀速直线运动并不常见，因为物体做匀速直线运动的条件是不受外力或者所受的外力和为零。我们可以把一些运动近似地看成是匀速直线运动。如：滑冰运动员停止用力后的一段滑行，站在商场自动扶梯上的顾客的运动，等等。我们可用 $v=s/t$ 求得他们的运动速度，式中，s 为位移，v 为速度，它为恒矢量，t 为发生位移 s 所用的时间，由公式可以看出，位移是时间的一次函数，位移与时间成正比。

延伸阅读

两只游艇的题目

[题] 湖里有两艘相同的游艇正在向码头靠近，两艘艇上的划手都利用绳子把游艇向码头拉拢。第一艘游艇上绳子的一端系在码头铁柱上；第二艘游艇上绳子的另一端由码头上的一位水手用力向码头上拉着。

这三个人所花的力气都一样。

问哪一艘游艇先靠码头？

[解] 初看可能会觉得由两个人拉的那艘游艇先靠码头，因为双倍的力量会产生比较大的速度。

但是，说这艘游艇上作用着双倍的力量，对不对呢？

假如游艇上的划手和码头上的水手各自把绳子向着自己拉紧，那么绳子的张力实际上只等于他们当中一个人的力量，换句话说，这个张力实际上跟第一艘游艇上的情形一样。两艘游艇是在用相同的力量向码头上拉着，因此一定是同时靠岸的。

向心力

用一条足够长的线，把一个小球系在光滑桌面中央的钉子上。弹动小球，使小球得到一个速度 v。小球在把线拉直之前，在惯性作用下将沿直线方向前进。但是，只要线给拉直了，小球就开始用大小不变的速度描起圆圈来，圆的中心就是钉子钉在桌子上的地方。然后如果用火柴把线烧断，小球就在惯性作用下，按照跟圆周相切的方向飞出去（好像你把一块钢触到磨刀具的砂轮上，会有火星沿砂轮切线方向飞出的情形一样）。这样看来，是线的张力使小球脱离了惯性作用下进行的匀速直线运动。根据力学第二定律，力是跟加速度成正比的，方向跟加速度一样。因此，线的张力就会给小球一个加速度，这个加速度的作用方向跟力的作用方向相同，就是向着圆周中心的钉子。小球在惯性作用下想离开中心远去，而线的张力却拖着它趋向圆心，因此这个力叫做向心力，加速度也相应地叫做向心加速度。

设已知沿圆周运动的速度是 v，圆周半径是 R，那么向心加速度 a 可按下式算出：

$$a = v^2/R$$

根据力学第二定律，向心力等于

$$F = m\,v^2/R。$$

让我们把向心加速度的公式推导出来。设小球在某一瞬间位置在 A 点（设小球已经开始旋转运动）。如果把线烧断，小球就在惯性作用下沿圆周切线方向飞出，在某个很短的时间间隔 t 里面到达 B 点，走的距离 $AB = vt$。但是向心力，这里指线的张力，却使小球做圆周运动，在上面所说的时间间隔里面到达圆周上的 C 点。如果从 C 点向 OA 作一垂线 CD，这个线段的值将相等于小球如果只受到跟向心力相等的力量作用下所走出的距离。这段距离可由无初速匀加速运动公式求出。

$$AD = at^2/2,$$

式中 a 是向心加速度。据勾股定理可得：

$$OC^2 = OD^2 + DC^2$$

又 $\quad CD = AB = vt$

$\quad\quad OD = OA - AD = R - at^2/2 , OC = R$

从而 $\quad R^2 = (R - at^2/2)^2 + (vt)^2$

或 $\quad R^2 = R^2 - Rat^2 + a^2t^4/4 + v^2t^2$

于是 $\quad Ra = v^2 + a^2t^4/4$

上面讨论的是小球在极短的时间间隔 t 里面的运动，因此，含有 t^2 的项就是 $a^2t^2/4$，跟 Ra 和 v^2 比较，可以忽略不计。把这个极小的值去掉，就得到：

$$a = v^2/R。$$

知识点

圆周运动

在物理学中，圆周运动是在圆圈上转圈：物体运动形成一个圆形路径或轨迹。当考虑一件物体的圆周运动时，物体的体积大小会被忽略，并看成一质点（在空气动力学上除外）。圆周运动的例子有：一个人造卫星绕地球运行、用绳子连接着一块石头并打圈挥动、一辆赛车在赛道上转弯、一粒电子垂直地进入一个平均磁场、一个齿轮在机器中的转动、皮带传动装置、火车的车轮及拐弯处轨道等。

圆周运动以向心力提供运动物体所需的加速度。这向心力把运动物体拉向圆形轨迹的中心点。如果没有向心力，物体会跟随牛顿第一定律惯性地进行直线运动。即使物体速率不变，圆周运动是变加速运动，物体的速度方向在不停地改变。

延伸阅读

使用拐杖的力学

先从健康者行走说起，当举左腿向前迈进时，身体重心在地面上的垂直投影点（以后称重心点）在右脚鞋底轮廓内。换举右腿时，两脚间距离不大，重心横向摆幅不大。如果行走时故意增大两脚间距离，则行走时重心轨迹横向摆幅增加。重心纵向移动属行走的目的，横向摆动过大不仅浪费气力，且引起姿态失常。受伤者借助单拐行走，当举健康腿时，重心点位于患腿与拐杖之间，其位置决定于患腿承受体重的分量，受力愈小，重心点愈靠近拐杖，当拐杖置于健康腿侧，则行走时重心点轨迹类似正常行走，横向摆幅小，若拐杖置于患腿侧，举健康腿侧时，重心点将移出患腿外侧，不仅行走时费力，姿态别扭，更严重的问题是由于横向摆幅大，降低了横向稳定性，故容易摔倒。

步枪后坐力

让我们来研究步枪的后坐力。枪膛里的火药气体，用它的膨胀压力把子弹推向前方，同时把枪向相反方向推动，造成大家都知道的"后坐"现象。那么，枪在后坐力的作用下向后运动的速度有多大呢？让我们把作用力和反作用力相等的定律找出来。根据这个定律，火药气体加在枪上的压力应该等于火药气体加在子弹上的压力，而且两个力的作用时间相同。力 F 和时间 t 的乘积等于动量 P，就是等于质量 m 和它的速度 v 的乘积：

$$Ft = mv。$$

这是物体由静止状态开始运动的情形下动量定律的数学式。这个定律的比较一般的形式是：物体在一定时间里面的动量的改变，等于在这同一时间里面加在这个物体上的力的冲量：

$$mv - mv_0 = Ft，$$

式中，v_0 是初速度，F 是一个不变的力。

由于 Ft 的值对于子弹和枪都相同，它们的动量也应该相同。如果用 m 代表子弹的质量，v 代表子弹的速度，M 代表枪的质量，V 代表枪的速度，那根据刚才所说的：

$$mv = MV，$$

从而

$$V/v = m/M。$$

现在我们把各项的数值代入这个比例式。军用步枪子弹的质量是 9.6 克，它的射出速度是 880 米/秒；步枪的质量是 4 500 克。这样就得到：

$$V/880 = 9.6/4 500$$

因此，步枪的速度 $V = 1.9$ 米/秒。不难算出，步枪后坐时候的"活力"大约是子弹的 1/470，这就是说，步枪后坐时候的破坏能只等于子弹的 1/470，

后坐力炮

虽说——我们应该注意这一点——两个物体的动量都是相同的。这个后坐力对于不会射击的射手也会产生强烈的冲撞，甚至把人撞伤。

强大的后座力

速射野战炮重 2 000 千克，可以用 600 米/秒的速度把重 6 千克的炮弹射出，这种炮的后坐速度跟步枪大致相同，也是 1.9 米/秒。但是由于炮的质量巨大，这个运动的能量大约比步枪大 450 倍，差不多跟步枪子弹射击时候的能量相当。旧式大炮发射的时候，整座大炮一定向后退动。现代大炮却只有炮筒向后滑退，由炮尾末端的所谓驻锄固定着的炮架却仍然固定不动。海军炮在发射的时候向后坐退（不是整座的炮），但是由于一种特别的装置，坐退以后会自动回到原来的位置。

读者大概已经注意到，在我们上面举的例子里，动量相等的物体所有的动能却并不一定相等。这一点自然没有什么奇怪的，因为从

$$mv = MV$$

一式，完全不应该得出

$$mv^2/2 = Mv^2/2$$

后一个等式只有在 $v = V$ 的时候才是正确的（这一点只要把第二式用第一式除就可以得到证实）。但是有些力学基础比较差的人，有时候却以为动量相等（因此也就是说冲量相等）就决定了动能相等。就曾经有过这样的事情：有些发明家误以为等量的功会有相等的冲量，就根据这一点想发明不需要花费

一定能量就可以工作（取得功）的机器。这再一次证明一位发明家是多么需要很好地了解理论力学的基础啊！

知识点 >>>>>

后坐力

后坐力指枪弹、炮弹射出时的反冲力。产生后坐力的原因是动量守恒。炮弹在离开炮管之前，整个火炮的动量总和为零。炮弹出膛之后，炮弹携带了一定的动量，但整个火炮的动量总和还是为零，即炮管必须有一个反向的动量——速度和炮弹的速度相反——这个动量就是后坐力的来源。

无后坐力炮也是使用动量守恒的原理发射炮弹的，不同的是它的炮管不会后退，取而代之的是炮弹的一部分碎片：炮管本身就是一根通管，但炮弹在发射时会变为两部分，弹头部分从炮管前端射出攻击目标，剩下的部分以碎片的形式从炮管后部抛出（避免伤及射手），两部分的动量差不多，并且反向，即产生两个反向的后坐力并且相互抵消，射手感到的后坐力就很小了，因而射击精度也提高不少。

延伸阅读

火 炮

火炮是利用火药燃气压力等能源抛射弹丸，口径等于和大于20毫米的身管射击武器。

火炮通常由炮身和炮架两大部分组成。炮身包括身管、炮尾、炮闩等。身管用来赋予弹丸初速和飞行方向；炮尾用来装填炮弹；炮闩用以关闭炮膛，击发炮弹。炮架由反后坐装置、方向机、高低机、瞄准装置、大架和运动体等组成。反后坐装置用以保证火炮发射炮弹后的复位；方向机和高低机用来保证火炮发射炮弹后复位；方向机和高低机用来操纵炮身变换方向和高低；瞄准装置由瞄准具和瞄准镜组成，用以装定火炮射击数据，实施瞄准射击；大架和运动体用于射击时支撑火炮，行军时作为炮车。

磨盘上的蚂蚁

设想有一只小蚂蚁爬上了一具停着不转的磨盘。磨盘的喂料口周围撒落着一些米粒。蚂蚁爬到那里发现了这些米粒，就高高兴兴地往外拖去，准备贮藏起来作为过冬的美食。我们在这里感兴趣的不是这些粮食，而是蚂蚁在磨盘上爬行。

如果磨盘保持不动，那么蚂蚁在磨盘上的行动就跟在地面上没有什么不同。然而，要是磨盘被人推着骨碌碌转起来，那又会给蚂蚁的行动带来什么影响呢？

读过前面两章，你可能回答：在转动的磨盘上的蚂蚁，像在转弯的汽车上的人一样，要受到惯性离心力的作用，这种力企图把蚂蚁甩出磨盘去。不错，所以为了避免被甩出去，蚂蚁还得用爪子抓住磨盘表面，好像汽车转弯时乘客抓住扶手一样。

磨 盘

不过，只要蚂蚁一开始在磨盘上爬行，它就会同时受到另一种惯性力的作用，而使它走不直路线，总是不由自主地往一侧偏转。这种怪力叫"科氏力"，因为它是法国科学家科里奥利于1835年发现的。磨盘转得越快，或者蚂蚁在磨盘上爬得越快，蚂蚁受到的科氏力就越大。而且，当磨盘转动方向与钟表上的时针转动方向相反的时候，科氏力向右，使爬行中的蚂蚁的走向不断往右偏转；而当磨盘转向为顺时针方向时，科氏力向左，使爬行中的蚂蚁的走向不断往左偏转。

当然，不只是转动的磨盘上能产生这种怪力，任何转动物体上都能产生。当一个物体在作为参照系的转动着的另外一个物体上运动的时候，只要它的运动方向不是与参照系的转轴平行，它总是会受到科氏力。它的运动速度越高，参照系的转速越高，它受到的科氏力就越大。科氏力也是一种惯性力，但是与惯性离心力大不相同。不论物体相对于转动参照系是运动还是静止，它都受到惯性离心力。而科氏力只在物体相对于转动参照系运动的时候才出现，在物体相对于这个参照系静止的时候它就不存在了。

在某些游艺场里，往往安装着一种称为"转盘"的游艺，它能更明显地显示这种怪力。转盘是一种水平旋转的圆形平台，人在上面照直爬行，也会由于受到这种怪力而不断地往一侧偏转。同磨盘上的情况一样，转盘循着反时针方向旋转，科氏力向右，使在转盘上爬行的人不断向右拐去；而转盘循着顺时针方向旋转，科氏力向左，使在转盘上爬行的人不断向左拐去。

知识点

科氏力

科里奥利力简称为科氏力，是对旋转体系中进行直线运动的质点由于惯性相对于旋转体系产生的直线运动的偏移的一种描述。科里奥利力来自于物体运动所具有的惯性。1835年，法国气象学家科里奥利提出，为了描述旋转体系的运动，需要在运动方程中引入一个假想的力，这就是科里奥利力。引入科里奥利力之后，人们可以像处理惯性系中的运动方程一样简单地处理旋转体系中的运动方程，大大简化了旋系的处理方式。由于人类生活的地球本身就是一个巨大的旋转体系，因而科里奥利力很快在流体运动领域取得了成功的应用。

延伸阅读

两匹马的题目

[题] 两匹马，各用100千克的力拖拉一具弹簧秤。秤的指针应该指多少？

[解] 许多人回答说：100 + 100 = 200千克。这个答案错了，应是两匹马各用100千克的力来拖拉。根据我们刚才说的，张力并不是200千克，而只是100千克。

也正是因为这个缘故，当马德堡半球的两半边各由8匹马来向相反方向拖拉的时候，我们不应当认为这两个半球所受的拉力是16匹马的力量。假如没有相反作用的8匹马，那另外8匹马对这半球也就起不了什么作用。其实一方面的8匹马就用一堵非常牢固的墙壁来代替也未尝不可以。

在雪山上滑行

[题] 雪山的滑道，斜度是30°，长12米。从这里滑下一只雪橇，滑下以后沿水平面继续前进。

问这只雪橇要在什么地方停下来？

[解] 假如这只雪橇在雪面上滑是一点摩擦也没有的话，那它就会永远不

雪　山

停止。但是雪橇的运动也是有摩擦的，虽说这个摩擦不大：雪橇底下的铁条和雪的摩擦系数是0.02。因此等到它从山上滑下来的时候所得到的动能全部消耗在克服摩擦的时候，它就要停止下来。

为了计算这个距离的长度，先来算一下雪橇从山上滑下来的时候所得到的动能。雪橇滑下的高度 AC，等于 AB 的一半（因为30°角的对边长等于斜边长的一半）。因此 $AC=6$ 米。假如雪橇重量是 P，那么雪橇滑到山脚时候所取得的动能，在没有摩擦的条件下，应该是 $6P$ 千克米。现在把重量 P 分成两个分力，跟 AB 垂直的分力 Q 和平行的分力 R。摩擦等于力 Q 的0.02，而 Q 等于 $P\cos30°$，就是 $0.87P$。因此，在克服摩擦上花了：

$$0.02 \times 0.87P \times 12 = 0.21P \text{ 千克米}$$

所以实际得到的动能是：

$$6P - 0.21P = 5.79P \text{ 千克米}$$

雪橇到了山脚以后，继续沿水平道路前进，用 x 表示这段路的长，那么摩擦的功是 $0.02Px$ 千克米。从方程式

$$0.02Px = 5.79P,$$

得到 $x=290$ 米，就是雪橇从这座雪山上滑下以后，可以在水平道路上大约滑进290米。

知识点

雪　橇

　　雪上运动器材。用木料或金属制成。种类繁多，一般有无舵、有舵、单橇、宽橇、骑式、卧式、连模、牵引、电动、风帆等类型。目前冬季奥林匹克运动会只采用无舵雪橇（亦称"运动雪橇"或"单雪橇"）和有舵雪橇进行竞赛。无舵雪橇为木制，底部滑板为金属。一对平行的滑板宽不超过45cm。滑板前翘都允许保持一定的弹性，但不得装操纵滑板的舵和制动器。单橇重不超过20kg，双橇重不超过22kg。有舵雪橇用金属制成，前部是一对活的舵板，其上部与方向盘相接，并装有固定的流线型罩。尾下部安装刹车制动器。双人雪橇长270cm，宽67cm，包括人的体重不超过375kg。四人雪橇长380cm，宽67cm，包括人的体重不超过630kg。如重量不足，可携带其他加重物给予补足。北极地区的因纽特人一般养狗，用来拉雪橇。

延伸阅读

走路的力学

　　人的活动离不开走路，但学会走路并不容易。原始人类从四足爬行进化到双足直立行走，经历了1 000多万年漫长的历程。从静力学角度分析，双足步行与四足爬行的最大区别在于：四足爬行可以保证重心不越出支承足与地面的接触点围成的区域，因此每个时刻都处于静力学平衡状态。而双足步行只有一个支点，重心经常越出支承足与地面的接触范围，处于静力学不平衡状态。人在走路时重心总是位于支点的上方，相当于一个倒置的复摆。简单的动力学分析可以证明，倒摆的垂直平衡状态总是不稳定的，倒摆的运动局限在垂直位置附近的小范围内，支点的控制作用可使倒摆的垂直平衡位置从不稳定转为稳定。

在实际步行运动中，经过训练的人会要求人体重心在支点后方时，足底的摩擦力朝后，则随重心的前移而减小。当重心移到质点的前方时，摩擦力变向改为朝前。穿上底部有花纹的防滑鞋可使摩擦系数增大，稳定域也随之扩大。当运动员身体前倾、步长增大时仍能保证步行的稳定性。

在斜面上

[题] 斜面上放着一只装水的容器。容器不动的时候，水面 AB 当然是水平的。但是如果使容器在润滑得极好的斜面 CD 上滑下去，问容器里的水面在滑动的时候是不是仍然保持水平？

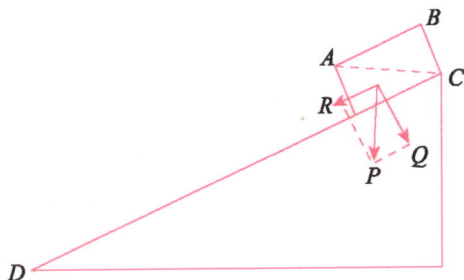

斜面和力三角

[解] 实验告诉我们，在沿着斜面没有摩擦的运动的容器里，水面跟斜面平行。下面说明它的原因。

每个质点的重量 P 可以分解成两个分力 Q 和 R。R 使水和容器沿斜面 CD 移动，这时候水的质点对容器壁所加的压力和静止的时候相同（因为容器和水的运动速度相同）。至于分力 Q，却使水的质点压向容器的底。各个 Q 力对水的作用，就和重力对一切静止液体的质点的作用相同，因此水面跟 Q 力垂直，就是跟斜面长度平行。

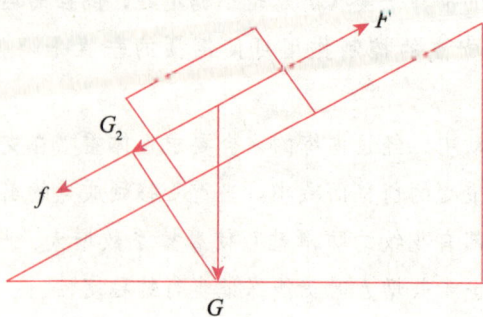

斜面和摩擦力

那么，水箱（比方说，由于摩擦作用）在斜面上用匀速度滑下去，它的水面会变成什么样呢？

不难看到，水面在这种水箱里就不是倾斜的，而是水平的。这单从下面这一点就已经可以看出：匀速运动不可能在机械现象方面产生任何跟静止状态不同的变化（经典相对论）。

那么，用上面的解释也可以解释得通吗？当然解释得通。因为当容器在斜面上匀速运动的时候，容器壁的质点并没有什么加速度；至于容器里水的质点，在 R 力的作用下，就要用 R 力压向容器的前壁。因此，水的每个质点是在两个压力 R 和 Q 的作用之下，这两个压力的合力就是质点的重量 P，沿竖直方向作用。这就是水面在这个情况下所以是水平的道理。

➤ 知识点

质　点

质点，物理学专有名词。不考虑物体本身的形状和大小，并把质量看作集中在一点时，就将这种物体看成"质点"。研究问题时用质点代替物体，可不考虑物体上各点之间运动状态的差别。它是力学中经过科学抽象得到的概念，是一个理想模型。可看成质点的物体往往并不很小，因此不能把它和微观粒子如电子等混同起来。若研究的问题不涉及转动或物体的大小跟问题中所涉及到的距离相比较很微小时，即可将这个实际的物体抽象为质点。例如，在研究地球公转时，地球半径比日、地间的距离小得多，就可把地球看作质点，但研究地球自转时就不能把它当成质点。又如物体在平动时，内部各处的运动情况都相同，就可把它看成质点。所以物体是否被视为质点，完全决定于所研究问题的性质。

延伸阅读

蚂蚁从高处落下来为什么摔不死

众所周知，人从楼上掉下摔不死也会摔成重伤，可是蚂蚁从高处落下却会安然无恙，你知道其中的奥秘吗？

原来是这样：物体在空气中运动时会受到空气的阻力，其阻力的大小与物体和空气接触的表面积大小有关。越小的物体其表面积大小和重力大小的比值越大，即阻力越容易和重力相平衡，从而不致于下降的速度越来越大，也就是说微小的物体可以在空气中以很小的速度下落，所以蚂蚁落地时速度很小，不致于摔死。

我们还可以设想一种方法使蚂蚁摔死：把蚂蚁放在一根真空的长玻璃管中。当蚂蚁在这种管子中下落时，因为没有空气阻力，如果管子足够长，蚂议就有可能摔死。

"水平"线不水平

在没有摩擦地下滑的容器里面的假如不是水，而是人，手却仿佛向运动相反的方向倾斜。

我们可以做一个实验，来说明地板平面仿佛跟水平面有了倾斜的原因。做这个实验只要有一个盛着黏滞液体（例如甘油）的杯子就够了：火车加速行进的时候，液体的表面会显出倾斜的样子。无疑地，你们一定不止一次地有过机会在车辆溜水槽里看到过类似的现象：当火车在雨中进站的时候，车顶溜水槽里积存的雨水就流向前方，而在火车开动的时候却流向后方。水所以会这样流，是因为水面在跟火车加速度方向相反那一边升高起来的缘故。

让我们来研究一下这个有趣现象的原因。这里我们不打算从一个在火车以外的静止观察的人的观点作研究，而要从坐在火车里的人的观点来研究，坐在火车里的人亲身参与这个加速度运动，因此他和一切观察到的现象相对地来说，仿佛他自己是在静止的状态。当火车加速度运动、而我们自认是在静止状态的时候，我们对车辆后壁加到身体上的压力（或座位对身体的带动向前的作用）的感觉，仿佛是我们自己用相等的力。我们就仿佛受到两个力的作用，跟火车运动方向相反的力 R，和把我们压向地板的体重 P。两个力的合力 Q 就是我们在这种情况认为竖直的方向。跟这个新的竖直方向垂直的方向 MN 对我们来说就仿佛是水平的。因此原来的水平方向 OR 就仿佛变成向运动方向升起，而在相反方向却好像降低了似的。

在这种条件下，盛在碟子里的液体会发生什么事情呢？你知道新的"水平"方向并不跟液体的原来水平面一致、而是沿 MN 线的。在开车的时候车里所发生的一切现象，假如设想车辆按照新的"水平"位置倾斜着的话，就不难弄清楚。现在，水为什么应该从碟子的后缘（或溜水槽的后端）溢出，就已经很明显了。同样，你可以懂得为什么站在车里的乘客这时候会向后倾倒。这个大家都知道的事实一般都解释为两脚被车辆地板带动了，但是人的头部和身体却还停留在静止状态。

就是伽利略也支持类似的解释，这可以从下面摘录里看出；

假设一只盛水的容器在做着直线的但不是匀速的运动，一会儿是加速，一会儿又是减速的运动。这样运动的后果是这样：水并不完全跟容器的运动一致。容器速度减低的时候，水保留着已经得到的速度，就向前端流去，前端的水就高了起来。假如反过来，容器的速度增加，水却保持原来比较缓慢的运动，落后下来，后端的水就会显著升高。

这种解释，一般地说，跟上面所说的都同样是符合实际情况的。不过对科学来说，一个解释如果不只是跟实际情况相合，而且还使得我们能从量上来计算，那就更有价值。因此，这里应该对前面所说的解释，就是说脚底下的地板已经不再是水平的解释，给予更高的评价。这个解释可以使我们对这个现象从量上来考虑，而这是用一般的解释所不能做到的。举例来说，假如火车从车站开行时候的加速度是 1 米/秒^2，那么新旧两竖直线间的夹角 QOP 不难从三角形 QOP 算出，三角形里 $QP : OP = l : 9.8 \approx 0.1$（力跟加速度成正比）：

$\tan QOP = 0.1$；$\angle QOP \approx 6°$。

这就是说，悬挂在车厢里的重物，开车的时候应该做 6° 的倾倒。脚底下的地板仿佛也倾斜了 6°，因此当我们在车厢里走动的时候，我们的感觉就和在 6° 的斜坡上行走时候的感觉一样。如果用一般的解释来研究这种现象，我们就没法确定这些细节。

当然，读者一定已经发现，这两种解释的分歧只是由于观点不同而产生的：一般的解释是就车辆以外的固定不动的观察的人所看到的现象来说的，而另一个解释是就参与了加速运动的人所看到的现象来说的。

知识点

加 速 度

加速度是速度变化量与发生这一变化所用时间的比值（$\Delta v / \Delta t$），是描述物体速度改变快慢的物理量，通常用 a 表示，单位是 m/s^2。加速度是矢量，它的方向是物体速度变化（量）的方向，与合外力的方向相同。

假如两辆汽车开始静止，均匀地加速后，达到 10m/s 的速度，A 车花了 10s，而 B 车只用了 5s。它们的速度都从 0m/s 变为 10m/s，速度改变了 10m/s。

所以它们的速度变化量是一样的。但是很明显，B 车变化得更快一样。我们用加速度来描述这个现象：B 车的加速度（$a=v/t$，其中的 v 是速度变化量）$>A$ 车的加速度。显然，当速度变化量一样的时候，花时间较少的 B 车，加速度更大。也就说 B 车的启动性能相对 A 车好一些。

延伸阅读

飞鸟会击落一架飞机

我们知道，运动是相对的。当鸟儿与飞机相对而行时，虽然鸟儿的速度不是很大，但是飞机的飞行速度很大，这样对于飞机来说，鸟儿的速度就很大。速度越大，撞击的力量就越大。

比如一只 0.45 千克的鸟，撞在速度为每小时 80 千米的飞机上时，就会产生 1 500 牛顿的力，要是撞在速度为每小时 960 千米的飞机上，那就要产生 21.6 万牛顿的力。如果是一只 1.8 千克的鸟撞在速度为每小时 700 千米的飞机上，产生的冲击力比炮弹的冲击力还要大。所以浑身是肉的鸟儿也能变成击落飞机的"炮弹"。

1962 年 11 月，赫赫有名的"子爵号"飞机正在美国马里兰州伊利奥特市上空平稳地飞行，突然一声巨响，飞机从高空栽了下来。事后发现酿成这场空中悲剧的罪魁就是一只在空中慢慢翱翔的天鹅。

1991 年 10 月 6 日，海南海口市乐东机场，海军航空兵的一架"014 号"飞机刚腾空而起，突然，"砰"的一声巨响，机体猛然一颤，飞行员发现左前三角挡风玻璃完全破碎，令人庆幸的是，飞行员凭着顽强的意志和娴熟的技术终于使飞机降落在跑道上，追究原因还是一只迎面飞来的小鸟。

瞬间的碰撞会产生巨大冲击力的事例，不只发生在鸟与飞机之间，也可以发生在鸡与汽车之间。如果一只 1.5 千克的鸡与速度为每小时 54 千米的汽车相撞时产生的力有 2 800 多牛顿。一次，一位汽车司机开车行驶在乡间公路上，突然，一只母鸡受惊，猛然在车前跳起，结果冲破汽车前窗，一头撞进驾驶室，并使司机受了伤，可以说，汽车司机没被母鸡撞死真算幸运。

铁路转弯的地方

"我坐在火车上，火车正在转弯，我突然发现铁路近旁的树木、房屋、工厂烟囱等等，都变成倾斜的了。"一位物理学家这样叙述道。

铁路转弯

乘火车的旅客在火车开得很快的时候也常常可以看到这种现象。

这个现象不能看成是由于转弯地方外面一条轨道铺得比里面一条高，因此火车在弯路上是在某种倾斜状态下前进。假如你从窗口略探出头去，不是通过倾斜的窗框来审看四周景物，上面说的错觉仍然存在。

当火车在弯路上前进的时候，悬在车里的悬锤一定是在倾斜的状态。这个新的竖直线代替了乘客的原有竖直线；因此，一切原是竖直的东西，对他都变成倾斜的了。

竖直线的新方向，P 表示重力，R 表示向心力。合力 Q 是乘客所感觉到的重力，车上一切物体都要向这个方向跌去。这个方向跟竖直方向的偏斜角 α 的大小，可以从下式求出：

$$\tan\alpha = R/P$$

由于力 R 是跟 v^2/r 成正比的，式中 v 是火车速度，r 是转弯那里的曲率半

径，而力 P 是跟重力加速度 g 成正比的，因此，

$$\tan\alpha = (v^2/r) \div g = v^2/rg$$

设火车速度是 18 米/秒（65 千米/小时），转弯那里的曲率半径是 600 米。那么

$$\tan\alpha = 18^2/(600 \times 9.8) \approx 0.055$$

从而 $\alpha \approx 3°$。

我们对于这个"仿佛竖直"的方向不可避免地要认作是竖直的方向，真正的竖直的方向却误认作偏斜 3° 的方向。火车在转弯很多的圣戈塔尔德山路上行驶的时候，旅客有时候会觉得四周的竖直景物偏斜了 10° 之多。

要使火车在转弯的时候保持平稳，在转弯那一段铁路的外面一条钢轨应该铺得比里面一条高，高出多少应该跟新的竖直方向相

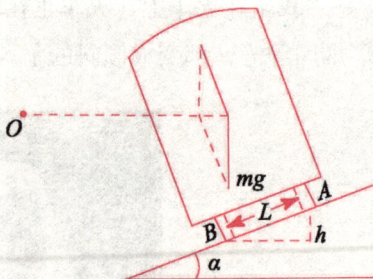

火车转弯受力示意图

适应。例如，对于刚才谈的那一个转弯的情形；外面一条钢轨 A 假定应该铺高 h，这个 h 应该适应下面的方程式：

$$h/AB = \sin\alpha$$

式中 AB 是轨距，大约等于 1.5 米；$\sin\alpha = \sin3° = 0.052$。

于是 $h = AB\sin\alpha = 1\,500 \times 0.052 \approx 80$ 毫米。

就是外面的钢轨应该铺得比里面钢轨高出 80 毫米。显然，这个数值只是对一定的行车速度才适用，却不能跟着火车速度改变而改变；因此在修筑铁路的时候，一般都是根据最普通的行车速度来设计的。

知识点

曲率半径

曲率的倒数就是曲率半径。平面曲线的曲率就是针对曲线上某个点的切

线方向角对弧长的转动率，通过微分来定义，表明曲线偏离直线的程度。

$k = \lim |\Delta\alpha/\Delta s|$，$\Delta s$ 趋向于 0 的时候，定义 k 就是曲率。

曲率半径主要是用来描述曲线上某处曲线弯曲变化的程度，特殊的如：圆上各个地方的弯曲程度都是一样的，而曲率半径就是它自己的半径；直线不弯曲，所以曲率是 0，0 没有倒数，所以直线没有曲率半径。圆形的半径越大，弯曲程度就越小，也就越近似一条直线．所以说，圆越大曲率越小，曲率越小，曲率半径也就越大。

延伸阅读

自行车身上的力学知识

自行车在我国是很普及的代步和运载工具。在它的"身上"运用了许多力学知识。

1. 测量中的应用

在测量跑道的长度时，可运用自行车。如普通车轮的直径为 0.71 米或 0.66 米，那么转过一圈长度为直径乘圆周率 π，即约 2.23 米或 2.07 米，然后，让车沿着跑道滚动，记下滚过的圈数 n，则跑道长为 $n \times 2.23$ 米或 $n \times 2.07$ 米。

2. 力和运动的应用

（1）减小与增大摩擦。车的前轴、中轴及后轴均采用滚动以减小摩擦。为更进一步减小摩擦，人们常在这些部位加润滑剂。

多处刻有凹凸不平的花纹以增大摩擦。如车的外胎，车把手塑料套，蹬板套、闸把套等。变滚动摩擦为滑动摩擦以增大摩擦。如在刹车时，车轮不再滚动，而在地面上滑，摩擦大大增加了，故车可迅速停驶。而在刹车的同时，手用力握紧车闸把，增大刹车皮对钢圈的压力以达到制止车轮滚动的目的。

（2）弹簧的减震作用。车的座垫下安有许多根弹簧，利用它的缓冲作用以减小震动。

3. 压强知识的应用

（1）自行车车胎上刻有载重量。如车载过重，则车胎受到压强太大而易被压破。

（2）座垫呈马鞍型，它能够增大座垫与人体的接触面积以减小臀部所受压强，使人骑车不易感到疲劳。

4. 简单机械知识的应用

自行车制动系统中的车闸把与连杆是一个省力杠杆，可增大对刹车皮的拉力。自行车为了省力或省距离，还使用了轮轴；脚蹬板与链轮牙盘；后轮与飞轮及龙头与转轴等。

5. 功、机械能的知识运用

（1）根据功的原理：省力必定费距离。因此人们在上坡时，常骑"S形"路线就是这个道理。

（2）动能和重力势能的相互转化。如骑车上坡前，人们往往要加紧蹬几下，就容易上去些，这里是动能转化为势能。而骑车下坡，不用蹬，车速也越来越快，此为势能转化为动能。

6. 惯性定律的运用

快速行驶的自行车，如果突然把前轮刹住，后轮为什么会跳起来。这是因为前轮受到阻力而突然停止运动，但车上的人和后轮没有受到阻力，根据惯性定律，人和后轮要保持继续向前的运动状态，所以后轮会跳起来。

切记下坡或高速行驶时，不能单独用自行车的前闸刹车，否则会出现翻车事故！

不是给步行的人走的道路

我们站在铁路的转弯部分，很难发现外面的钢轨比里面的铺高了一些。但是，自行车竞赛场里跑道的情形就不同了：这里转弯的曲率半径要小得多，而速度却相当高，因此倾斜角也就非常大。举例来说，在速度72千米/小时（20米/秒）、半径100米的时候，倾斜角可以从下式算出：

$$\tan\alpha = v^2/rg$$
$$= 400/（100 \times 9.8）$$
$$\approx 0.4$$

从而 $\alpha = 22°$。

在这种道路上，步行的人自然

钢轨转弯

是站不住脚的，但是骑自行车的运动员却只有在这种道路上才觉得最平稳。真是重力作用的一件怪事。专门给汽车竞赛用的道路也是要这样修建的。

在杂技表演里，有时候可以看到更奇怪的事，虽说这种事情也完全符合力学的定律。表演的一位自行车骑手竟能在5米或更小半径的"漏斗"里面打转；车子速度是10米/秒的时候，"漏斗"壁的倾斜度应该相当陡峭：

$$\tan\alpha = 100/(5 \times 9.8) \approx 2.04,$$

从而 $\alpha \approx 64°$。

观众们以为演员一定要有不寻常的技巧和技术，才能在这种显然是不自然的条件下立脚，其实呢，在这个速度之下，却是最平稳的状态。

倾斜的汽车赛道

▶▶ 知识点 ▶▶▶▶▶

速　度

　　速度是描述质点运动快慢和方向的物理量，等于位移和发生此位移所用时间的比值。国际单位制中，速度的量纲是 $L*T(-1)$，基本单位为米/秒符号 m/s，读作米每秒；常用单位千米/小时，符号 km/h，读作千米每小时。1 m/s＝3.6 km/h。

　　速度表示物体运动的快慢程度。速度是矢量，有大小和方向，速度的大小也称为"速率"。物理学中提到的"速度"一般指瞬时速度，而诵常所说的火车、飞机的速度都是指平均速度。在实际生活中，各种交通工具运动的快慢经常发生变化。常见的速度：人步行的速度：1～2m/s；自行车行驶速度：4.2m/s；汽车在高速公路上行驶：100～120km/h；喷气式客机飞行：900km/h；第一宇宙速度：7.9×10^3m/s（卫星绕地球运动的速度稍小于该值）；光在真空中传播的速度（物体运动的极限速度）：3×10^8m/s。

延伸阅读

车行弯道的时候

　　当汽车拐弯的时候，车上的人有一种向外甩的感觉，车的速度越快，这种向外甩的劲也越大。为了行车安全，在车子拐弯时，除了司机要降低车速外，乘客也要"坐稳扶好"。

　　因为你要随车子转弯，就必须改变自己的运动方向，由原来做直线运动变成做圆周运动，这只有使自己受到向心力的作用才行，扶手对你的作用力就是向心力。所以只要你坐稳扶牢，就能平安顺利地随车拐弯了。

　　肯动脑筋的青少年朋友也许会问：汽车在拐弯的时候，车本身运动方向也在改变，它所受的向心力又是从哪里来的呢？

　　为了便于说明问题，我们先分析一下骑自行车的运动。当运动沿着直线进行的时候，作用在人和自行车上的重力（P）和地面的支承力（Q）在同一条竖直线上，并且互相平衡。在转弯的时候，人和车要向圆心一方倾斜，这时作用在人和车上的力P和Q就不再互相平衡了，它们的合力（F）指向圆心，这合力就是作用在人和车上的向心力，使车能做圆周运动。会骑自行车的人都懂得，车子的速度越快，弯拐得越急，身子越要倾斜得大一些。

　　火车和汽车开到转弯的地方，车辆本身是无法倾斜的。因此，在修路的时候，就应该考虑到这一点。铁道在转弯的地方，外轨要铺得比内轨稍微高一些，就是这个缘故。

　　铁道转弯的地方，内轨和外轨的高度差决定了路面的倾斜程度，倾斜度的大小是根据所需向心力的大小来设计的，所需向心力的大小又和车速大小有关，因此，火车在弯道上行驶的时候，必须按照规定的速度行驶。如果转弯的速度超过了设计要求的速度，就会酿成火车出轨或翻车的事故。

　　汽车转弯的时候，为了得到向心力，同样需要把公路拐弯处的路面修成外高内低的斜面。

倾斜的大地

　　不管是谁，只要看见过飞机在天空中绕圈子（"急转弯"），看到飞机倾斜得这么厉害，他一定会以为飞行员在飞机里必定是小心翼翼地，怕从飞机里面跌出来。但是事实上，飞行员甚至没有感觉到他的飞机正在倾斜——对他来说，飞机是水平地在空中飞行着的。但是他也有另外一

天空中的飞机

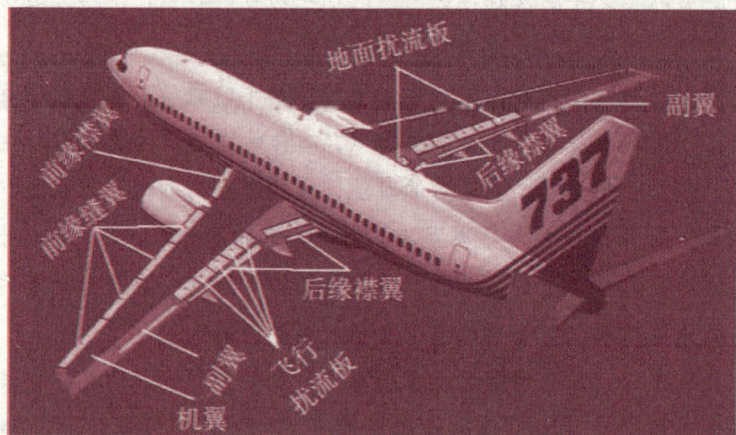

飞机转弯图解

些异常的感觉：首先，他感到体重增加了，其次，他所看到的地面都变成了倾斜的。

让我们做一个概略的计算，看看飞行员在"急转弯"的时候，他所感到的水平面的"倾斜"角度有多大，他的体重"增加"到什么程度。

让我们根据实际情况来决定计算需要的数据：飞行员用 216 千米/小时（60 米/秒）的速度盘旋飞行，螺旋的直径是 140 米。倾斜角 α 可以从下式算出：

$$\tan\alpha = v^2/rg = 60^2/(70 \times 9.8) \approx 5.2,$$

从而　α≈79°。

从理论上来看，对于这位飞行员，大地不但要变得倾斜，甚至几乎竖立起来了。倾斜得跟竖直方向只差 11°了。

实际上，大概是由于生理上的原因，在这种情况下大地倾斜的角度，要比上式求出的数值略小一些。

至于"增加了的体重"，它跟天然体重的比值等于它们方向之间的夹角余弦值的倒数。这个角的正切是 $v^2/rg = 5.2$。

从三角函数表可以求出相应的余弦值是 0.19，它的倒数是 5.3。这就是说，做这样飞行的飞行员压向机座的力要等于他在直线飞行时候的 5 倍，也就是说，他感到自己的体重仿佛变成了原来的 5 倍。

高空中的飞机

体重的这种人为增加可以造成飞行员的致命伤。就曾经有过这样的事情：一位飞行员驾着飞机做"螺旋"飞行（依小半径螺旋线急转下降）的时候，不但不能从机座上起身，甚至不能用手做出动作。计算说明，他这时候的体重变成了原来体重的 8 倍！只在做了最大努力之后，才得幸免于难。

知识点

三角函数

三角函数是数学中属于初等函数中的超越函数的一类函数。它们的本质是任意角的集合与一个比值的集合的变量之间的映射。通常的三角函数是在平面直角坐标系中定义的，其定义域为整个实数域。另一种定义是在直角三角形中，但并不完全。现代数学把它们描述成无穷数列的极限和微分方程的解，将其定义扩展到复数系。它包含 6 种基本函数：正弦、余弦、正切、余切、正割、余割。由于三角函数的周期性，它并不具有单值函数意义上的反函数。三角函数在复数中有较为重要的应用。在物理学中，三角函数也是常用的数学工具。

延伸阅读

汽车的安全气囊是怎样的

安全气囊在车辆发生碰撞时能够起到缓冲作用，从而降低撞击对车内乘客造成的伤害。很多人将安全气囊等同于SRS，这是不准确的。其实安全气囊只是SRS的一种，中文含义是辅助防护系统，常见的辅助防护系统有安全气囊和安全带。在很多汽车的转向盘上和仪表板右侧杂物箱上方都标有SRS或AIR BAG，这表示有安全气囊安装在此处。安全气囊系统的组成主要包括碰撞传感器、气囊电脑、系统指示灯、气囊组件以及连接线路，气囊组件主要包括气囊、气体发生器以及点火器等。

（1）碰撞传感器。对于各汽车制造厂生产的车辆，碰撞传感器的安装位置不尽相同，而且碰撞传感器的名称也不统一，例如有些碰撞传感器按照工作原理也称为加速度传感器。①按照用途的不同，碰撞传感器分为触发碰撞传感器和防护碰撞传感器。触发碰撞传感器也称为碰撞强度传感器，用于检测碰撞时的减速度或惯性，并将碰撞信号传给气囊电脑，作为气囊电脑的触发信号；防护碰撞传感器也称为安全碰撞传感器，它与触发碰撞传感器串联，用于防止气囊误爆。②按照结构的不同，碰撞传感器分为机电式碰撞传感器、电子式碰撞传感器以及机械式碰撞传感器。防护碰撞传感器一般采用电子式结构，触发碰撞传感器一般采用机电结合式结构或机械式结构。机电结合式碰撞传感器是利用机械的运动（滚动或转动）来控制电气触点动作，再由触点断开和闭合来控制气囊电路的接通和切断，常见的有滚球式和偏心锤式碰撞传感器。电子式碰撞传感器没有电气触点，目前常用的有电阻应变式和压电效应式两种。机械式碰撞传感器常见的有水银开关式，它是利用水银导电的特性来控制气囊电路的接通和切断。③对于早期的汽车，一般设有多个触发碰撞传感器，安装位置一般在车身的前部和中部，例如车身两侧的翼子板内侧、前照灯支架下面以及发动机散热器支架两侧等部位。随着碰撞传感器制造技术的发展，有些汽车将触发碰撞传感器安装在气囊电脑内。防护碰撞传感器一般都与气囊电脑组装在一起，多数安装在驾驶舱内中央控制台下面。

（2）气囊电脑。它是气囊系统的核心部件，大多安装在驾驶舱内中央控制台下面。气囊爆炸后，在气囊电脑中会存储碰撞数据和故障码，这些故障码用普通仪器无法清除。为了保证气囊工作的可靠性，很多汽车生产厂家建议气囊电脑一次性使用。但是气囊电脑的价格很高，因此很多具有气囊电脑数据修复功能的仪器被开发出来，通过读取并修复碰撞数据，可以实现气囊电脑的再次使用。需要注意的是，配件市场上存在将修复电脑作为新配件销售的情况，购买配件时应注意。气囊电脑气囊系统有两个电源，即汽车电源（蓄电池和发电机）和备用电源，备用电源电路由电源控制电路和若干电容器组成。当汽车发生碰撞导致蓄电池和发电机与气囊系统断开时，备用电源在一定时间内（一般为6s）可以维持气囊系统供电。在维修气囊系统时应注意备用电源的作用，在断开蓄电池电源后仍需要等待一段时间以使备用电源放电，具体等待时间请参阅相关维修手册。

运动力学
YUNDONG LIXUE

运动力学在经典物理学中是一个空白。运动是宇宙最基本的现象，天体的运动突出表现为公转和自转，在简易论中，运动还包括天体轨道的移动。运动力学通常指物体的运动，物质的运动属量子力学。目前天体物理学运用量子力学解释宇宙天体的运动，把物质的运动和物体的运动混淆到一起，给人类留下了越来越多的未解谜团，解开这些未解谜团必需有一个完善的运动力学。传统运动力学，以牛顿运动引力定律为代表。引力和离心力是运动力学的两种基本力，引力表现为物质的凝聚，离心力表现为物质的扩散。

亚里士多德的题目

在伽利略奠定了力学基础（1630 年）以前 2 000 年，亚里士多德就写出了《力学问题》一书。在这部著作的 36 个问题当中，有下面这样一个：

"假如把一柄斧头放到木头上，上面压上重物，那么，木头所受到的破坏作用非常有限；但是如果拿去重物，把斧头提起砍到木头上，木头就会被劈开，这是什么道理呢？而且，砍的时候落下来的重量比压在木头上的重量小得多。"

亚里士多德在那个时代的模糊的力学认识之下，对于这个题目不能够解答。读者当中可能也有对这个题目无能为力的。因此，让我们进一步研究一下这位希腊思想家的题目。

亚里士多德

斧头在砍进木头的时候，有什么样的动能呢？首先是，人把它举起的时候所产生的能；其次，它在向下运动的时候所取得的能。设斧头重 2 千克，被举高到 2 米；在被举起的时候它所得到的能是 $2 \times 2 = 4$ 千克米。斧头落下的运动是在两个力的作用之下发生的：一个是重力，一个是人的臂力。假如斧头只是在本身重量作用之下落下来，它在落到底的时候所有的动能，应该等于被举起时候所得到的能，就是 4 千克米。但是人手加快了斧头的向下运动，使它有了更多的动能；

劈　柴

假设人手在上下挥动时候的力量完全相同，那么在落下时候加上的一份能量应该等于举高时候的能量，也是 4 千克米。因此，斧头砍木头的时候一共有 8 千克米的能。

斧头砍到木头以后，还会一直砍进木头里去，砍进去多深呢？假定是 1 厘米。这就是说，在短短 0.01 米的一段路途里，斧头的速度变成了零，因此也就是说，斧头的动能全部消耗完了。知道了这一点，就不难算出斧头加在木头上的压力。设用 F 代表这个压力，那么就有：

$F \times 0.01 = 8$，从而得到力 $F = 800$ 千克。

这是说，斧头是用 800 千克的力量砍进木头的。这个重量虽说看不见，可是它毕竟有这么大，这么大的重量把木头劈开，还有什么值得奇怪的呢？

亚里士多德的题目就是这样解答的。但是它给我们提出了新的题目：人的肌肉力量原不能直接把木头劈开；那么，它怎么会把自己没有的力量传到斧头上去呢？答案是，原来在一上一下 4 米路程里所得到的能，在 1 厘米的一段路程里完全消耗掉了。斧头即使不当做劈来利用，这个功率也抵得上一部"机器"（好像锻锤）。

上面的说明使我们了解了，为什么使用压力机代替汽锤的时候，一定要用力量极大的压力机；例如，150 吨的汽锤要用 5 000 吨的压力机才能代替，20 吨的汽锤也要 600 吨的压力机才能代替，等等。

马刀的作用也可用同样的道理来说明。当然，力的作用集中到面积极小的刀刃上也有重大意义；每平方厘米上的压力变得极大（几百大气压）。但是挥动马刀的幅度也很重要：在砍击之前，马刀的一端挥动了大约 1.5 米的一段路，而在敌人的身上一共只砍进了大约 10 厘米。在 1.5 米的路程里得到的能量，在 1/10 ~ 1/15 的路程里消耗掉。由于这个缘故，战士手臂的力量就好像增加到 10 ~ 15 倍。此外，砍的方法也很有关系：战士使用马刀的时候，并不只是砍击，而且在砍击的一瞬间还把马刀抽回来，因此马刀是在砍切而不是砍击。你不妨用砍击的方法把面包分成两半，你会发觉，这比把面包切开要困难得多了。

知识点

亚里士多德

亚里士多德（前384—前322），古希腊斯吉塔拉人，世界古代史上最伟大的哲学家、科学家和教育家之一。是柏拉图的学生，亚历山大的老师。公元前335年，他在雅典办了一所叫吕克昂的学校，被称为逍遥学派。

马克思曾称亚里士多德是古希腊哲学家中最博学的人物，恩格斯称他是古代的黑格尔。

亚里士多德一生勤奋治学，从事的学术研究涉及到逻辑学、修辞学、物理学、生物学、教育学、心理学、政治学、经济学、美学、博物学等，写下了大量的著作，他的著作是古代的百科全书，据说有400～1 000部，主要有《工具论》、《形而上学》、《物理学》、《伦理学》、《政治学》、《诗学》等。他的思想对人类产生了深远的影响。他创立了形式逻辑学，丰富和发展了哲学的各个分支学科，对科学等作出了巨大的贡献。亚里士多德是最早论证地球是球形的人。

延伸阅读

惯性故事——萨尔维阿蒂的大船

经典物理学是从否定亚里士多德的时空观开始的。当时曾有过一场激烈的争论。赞成哥白尼学说的人主张地球在运动，维护亚里士多德—托勒密体系的人则主张地静说。地静派有一条反对地动说的强硬理由：如果地球是在高速地运动，为什么在地面上的人一点也感觉不出来呢？这的确是不能回避的一个问题。

1632年，伽利略出版了他的名著《关于托勒密和哥白尼两大世界体系的对话》。书中那位地动派的"萨尔维蒂"对上述问题给出了一个彻底的回答。他说："把你和一些朋友关在一条大船甲板下的主舱里，让你们带着几只苍蝇、蝴蝶和其他小飞虫，舱内放一只大水碗，其中有几条鱼。然后，挂上一个水瓶，让水一滴一滴地滴到下面的一个宽口罐里。船停着不动时，你留神观察，小虫都以等速向舱内各方向飞行，鱼向各个方向随便游动，水滴滴进下面的罐中，你把任何东西扔给你的朋友时，只要距离相等，向这一方向不必比另一方向用更多的力。你双脚齐跳，无论向哪个方向跳过的距离都相等。当你仔细地观察这些事情之后，再使船以任何速度前进，只要运动是匀速的，也不忽左忽右地摆动，你将发现。所有上述现象丝毫没有变化。你也无法从其中任何一个现象来确定，船是在运动还是停着不动。即使船运动得相当快，在跳跃时，你将和以前一样，在船底板上跳过相同的距离，你跳向船尾也不会比跳向船头来得远。虽然你跳到空中时，脚下的船底板向着你跳的相反方向移动。你把不论什么东西扔给你的同伴时，不论他是在船头还是在船尾，只要你自己站在对面，你也并不需要用更多的力。水滴将像先前一样，滴进下面的罐子，一滴也不会滴向船尾。虽然水滴在空中时，船已行驶了许多路。鱼在水中游向水碗前部所用的力并不比游向水碗后部来得大；它们一样悠闲地游向放在水碗边缘任何地方的食饵。最后，蝴蝶和苍蝇继续随便地到处飞行。它们也决不会向船尾集中，并不因为它们可能长时间留在空中，脱离开了船的运动，为赶上船的运动而显出累的样子。"

　　萨尔维蒂的大船道出了一条极为重要的真理，即：从船中发生的任何一种现象，你是无法判断船究竟是在运动还是在停着不动。现在称这个论断为伽利略相对性原理。用现代的语言来说，萨尔维阿蒂的大船就是一种所谓惯性参考系。就是说，以不同的匀速运动着而又不忽左忽右摆动的船都是惯性参考系。在一个惯性系中能看到的种种现象，在另一个惯性参考系中必定也能无任何差别地看到。亦即，所有惯性参考系都是平权的、等价的。我们不可能判断哪个惯性参考系是处于绝对静止状态，哪一个又是绝对运动的。

　　伽利略相对性原理不仅从根本上否定了地静派对地动说的非难，而且也否定了绝对空间观念（至少在惯性运动范围内）。所以，在从经典力学到相对论的过渡中，许多经典力学的观念都要加以改变，唯独伽利略相对性原理却不仅不需要加以任何修正，而且成了狭义相对论的两条基本原理之一。

脆性物品的包装

包装脆性的物品一般都用稻草、刨花、纸条等材料来衬垫。这样做的目的是很明显的，就是为了预防震碎。可是，为什么稻草和刨花能够保护物品不会震碎呢？假如答案是因为它们在震动的时候会"减缓"碰撞，那么这个答案实际上只等于把问题重述了一次。还应该找出这个减缓碰撞的原因来。

保护紫砂壶用的稻草绳

原因有两个。第一个原因是，衬垫的材料加大了脆性物品互相接触的面积；一件物品的尖锐的棱角，通过衬垫材料和另一件物品接触，已经不是点或线的接触，而是片或面的接触了。这时候，力的作用分布到比较大的面积上，因此压力也就相应地减小了。

纸箱包装

第二个原因只在震动的时候才表现出来。装着杯盘的箱子如果受到震动，里面的每一件物品就要开始运动，这个运动又马上要停止下来，因为邻近的物品妨碍了它。这时候，运动的能量就要消耗在挤压相撞的物品上，结果时常把物品撞碎。由于这个能量一共只消耗在极短的路程上，因此挤压的力量就一定非常之大，这样这个力 F 和距离 s 的乘积（Fs）才会等于所消耗的能量。

现在就可以明白柔软的衬垫的作用了：它使力的作用路程（s）加长，因此减弱了挤压的力（F）。没有衬垫材料的话，这个路程极短，因为玻璃或鸡蛋壳只能压进几十分之一毫米才不会破碎。衬垫在物品的互相接触部分之间的稻草、刨花或纸条，把力的作用路程加长了几十倍，于是也就把力减弱到几十分之一了。

这就是脆性物品之间的衬垫材料能起保护作用的第二个也是主要的原因。

知识点

能　量

能量是物质运动的量化转换，简称"能"。世界万物是不断运动着的，在物质的一切属性中，运动是最基本的属性，其他属性都是运动属性的具体表现。例如：空间属性是物质运动的广延性体现；时间属性是物质运动的持续性体现；引力属性是物质在运动过程中由于质量分布不均所引起的相互作用的体现；电磁属性是带电粒子在运动和变化过程中的外部表现；等等。物质的运动形式是多种多样的，对于每一个具体的物质运动形式存在相应的能量形式，例如：与宏观物体的机械运动对应的能量形式是动能；与分子运动对应的能量形式是热能；与原子运动对应的能量形式是化学能；与带电粒子的定向运动对应的能量形式是电能；与光子运动对应的能量形式是光能。

延伸阅读

是谁的能量

猎野兽的机子，是东非洲人布置的。一头大象，如果触动地面上张着的绳子，就会使一段沉重而且带着尖叉的木头落到它的背上，机子制作更加巧妙：

野兽触动绳子以后，就会放开满张的弓，使箭射到自己身上。

这里，用来杀伤野兽的能量的来源是很明显的——这其实就是布置这个机子的人的能量变了一个样子罢了。木头从高处落下的时候所做的功，正是人把它举到这个高度的时候所消耗的功。第二个机子里的弓也只是把猎人拉弓的时候所做的功还了回来。在这两种情况里，野兽只是释放了原来积贮着的位能。这些机子如果要再用，就得重新装好。

在大家知道的那篇关于熊和木头的故事里谈到的那种机子，情形却有些不同。熊看到树上有一个蜂房，就顺着树干爬了上去，半路碰到一段悬垂着的木头阻碍了去路。它把木头推了一下，木头摆开了，但是马上又回到原来位置，轻轻地碰了熊一下；熊又把木头比较用力地推了一下，木头回来的时候，敲到熊的身上也比较重；熊越来越狂怒地向外推开木头——可是木头回来的时候也撞得越来越重了。被这一场斗争弄得筋疲力竭的熊终于跌了下来，跌到树底下尖锐的木橛上。

这个巧妙的机子不需要人去重新布置。它把第一只熊打下以后，可以马上接着打第二只，第三只，一只只下去不需要人参加。那么，把熊从树上打下来的能，是从哪里来的呢？

原来这里所做的功，已经是由野兽本身的能来完成的了。是熊自己把自己从树上打下来，自己把自己戳死在尖木橛上的。当它推开悬垂的木头的时候，它把自己的肌肉的能变成了举起的木头的位能，这个位能然后又变成落下的木头的动能。同样，熊在爬树的时候，把自己的一部分肌肉的能变成了升高了的身体的位能，这个位能后来就变成使它的身体跌撞到尖木橛上的能。一句话，熊是自己撞击自己，自己把自己从树上摔下来，自己把自己戳死在尖木橛上的。爬上树的野兽越强壮凶猛，它跟木头打架所遭受到的伤害也就越严重。

自动机械

你可见过一种名叫测步仪的小巧仪器吗？它的大小、形状和怀表一样，可以放在口袋里面，用来自动地计算步行的步数。这个机械的主要部分是重锤

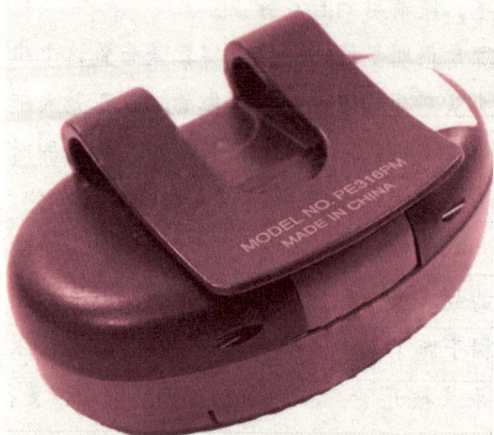

测步仪

B，它固定在杠杆 AB 的一端，这个杠杆可以绕轴 A 旋转。平常重锤停留在固定的位置上，一个软弹簧使它停留在这个仪器的上半部。走路的时候，每走一步，人体要略略升起一下，然后马上落下，测步仪也就跟着上下。但是重锤 B 在惯性的作用下，并不是马上随着测步仪升起的，它反抗了弹簧的弹性，留在仪表的下半部。测步仪往下落的时候，重锤 B 根据同样原因又要向上移动。因此，每走一步，杠杆 AB 要摆动两次，一次上一次下，杠杆的摆动可以通过小齿轮使字盘上的指针转动，记录步行的人的步数。

要是有人问你，使测步仪动作的能源是什么，你当然会毫无错误地说出是人的肌肉所做的功。可是假如有人认为测步仪不用步行的人多花一些能量，认为步行的人"反正是在走着的"，并没有要步行的人多花什么力量的话，那他就错了。步行的人无疑要多花一些力量，用来克服重力和拉住重锤 B 的弹簧的弹力，把测步仪提升到一定的高度。

测步仪使人想到制造一种由人的日常动作带动的表。这种表已经制造出来了，可以戴在手腕上，人手不停的动作会把发条上紧，不需要带表的人费心。这种表只要戴在手腕上几个小时，就能把它的发条上紧到足够走一昼夜。这种表很是方便；它总是上好了发条的，发条经常上到一定的松紧，保证它走得准确；这种表的表壳子上没有开孔，可以避免灰尘和水分侵入到内部机件上去；而最主要的好处是，用不着定时地想着去上紧发条。这种表看起来仿佛只有钳工、裁缝、钢

表

琴家、特别是打字员才配用，对于脑力劳动者是不适用的。但是，假如这样看法的话，那我们就把这种装配得极好的表的一个性能忽略了，这就是：要使这种表走动，只要有极微小的脉动就够了。事实上，只要有两三下动作，就可以使重锤轻轻带动发条，使表足够走三四小时。

可不可以认为这种表不需要它的主人消耗一些能，就能一直走下去呢？不可以的，它需要它的主人的肌肉的能量就和上紧普通表的发条的时候一样。戴着这种手表的手臂，在动作的时候要比戴普通手表的手臂多花一些能量，因为这里和测步仪一样，有一部分能量要用去克服弹簧的弹力。

据说美国一家商店的老板"想出了"一个方法，利用店门的开关上紧一个弹簧，来替他做一些有益的家务工作。这位"发明家"认为找到了免费的能源了，因为顾客"反正是要开门的"。实际上呢，顾客开门的时候，要多花一些力量来克服弹簧的弹力。所以可以这样说，这位老板是要他的每个顾客替他做一些家务工作。

严格地说，上面两种情况都不能叫做自动机械，只能说是不需要人照料就可以由人的肌肉的能量上紧弹簧的机械。

知识点

弹　簧

弹簧只是个蓄能器，它有储存能量的功能，但不能慢慢地把能量释放出来，要实现慢慢释放这一功能应该靠"弹簧＋大传动比机构"实现，常见于机械表。弹簧很早很早之前就有应用了，古代的弓和弩就是两种广义上的弹簧。严格意义上的弹簧发明家应该是英国的科学家虎克，虽然那时螺旋压缩弹簧已经出现并广泛使用，但虎克提出了"虎克定律"——弹簧的伸长量与所受的力的大小成正比。正是根据这一原理，1776年，使用螺旋压缩弹簧的弹簧秤问世。不久，根据这一原理制作的专供钟表使用的弹簧也被虎克本人发明出来。而符合"虎克定律"的弹簧才是真正意义上的弹簧。碟形弹簧是法国人贝勒维尔发明的，是用金属板料或锻压坯料而成的截锥形截面的垫圈式弹簧。在近代工业出现之后，除了碟形弹簧之外还出现了气弹簧、橡胶弹簧、涡卷弹簧、模具弹簧、不锈钢弹簧、空气弹簧、记忆合金弹簧等新型弹簧。

延伸阅读

漫话周期

　　事物在运动、变化过程中，某些特征多次重复出现，其连续两次出现所经过的时间叫"周期"。

　　在自然界与科学上有化学周期运动，有物理周期运动、有数学周期运动。当然更包括天文周期运动、地理周期运动等等。

摩擦取火

　　照书本上说的，用摩擦的方法取火似乎是一件很容易的事。可是实际做起来就不这么简单。马克·吐温就曾经讲过一段故事，说到他自己想把书本上说的摩擦取火的方法应用到实际上去的经过：

　　我们每人各取了两条棒，开始互相摩擦。两小时以后，我们人都冻僵了，木棒也一样是冻得冷冰冰的（事情发生在冬天）。

　　另一位作家——杰克·伦敦也报道了同样的事情（在《老练的水手》一书里）：

　　我读过许多遇难脱险的人事后写的回忆，他们都尝试过这个方法，但是全都失败了。我想起那位在阿拉斯加和西伯利亚旅行的新闻记者来。有一次，我

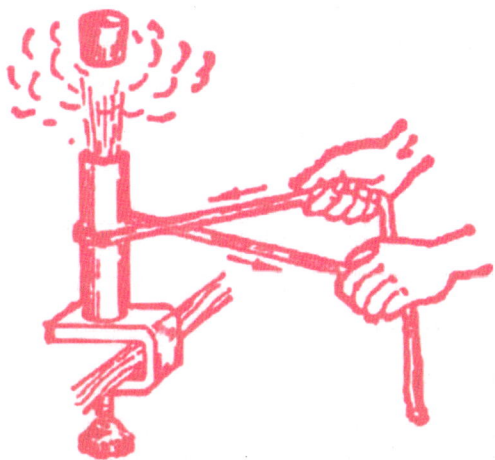

摩擦生热实验

在朋友家里看到他，他在那里曾经讲到怎样想使用木棒互相摩擦的方法来取火。他很有风趣地讲述了这次失败的试验。

儒勒·凡尔纳在小说《神秘岛》里也谈到完全一样的看法。下面是老练的水手潘克洛夫跟青年赫伯特的谈话：

"我们可以像原始人一样，把一块木块放在另一块上摩擦来取火呀。"

"好，孩子，你试试吧；这样做除掉两手磨出血之外，瞧你还能做出什么成绩来。"

"可是，这个简单的方法，在许多地方是用得很普遍的呀。"

"我不跟你争论，"水手回答说，"可是我以为，那些人对这个有他们特别的本事。我已经不止一次地试过这种取火的方法，但是都失败了。我肯定地认为还是用火柴更好。"

儒勒·凡尔纳继续说下去：

虽然这样，潘克洛夫仍然去找了两块干燥木块，试用摩擦的办法取火。假如他和纳布所付出的能量全部都变成热量的话，这个热量足够把一只横渡大西洋的轮船的锅炉里面的水烧到沸腾。但是结果却很糟，两块木块只热了一点点——比试验的人本身的热还少。

干了一小时以后，潘克洛夫浑身大汗。他赌气把木块丢在地上。

"要我相信原始人可以用这个方法取火，我宁愿相信冬天里会出现大热天，"他说。"我看，搓两只手来燃着两个手心，恐怕还要容易一些。"

失败的原因在哪里呢？就在于没有按照应有的方法进行。大部分原始人不是用一块木棒的简单摩擦来取火的，而是使用削尖的木棒在木板上钻孔的方法。

这两种方法的不同，只要做进一步的研究，就可以明白。

设木棒 CD 沿着木棒 AB 来去移动，每秒钟来去各一次，每次移动距离 25 厘米。设人手压向木棒的力是 2 千克（这个数字是随意取的，但是跟实际相近）。因为木头和木头之间的摩擦力大约是压向互相摩擦的木棒的力的 40%，所以实际作用力是 $2 \times 0.4 = 0.8$ 千克，在 50 厘米的路程上所做的功是 $0.8 \times 0.5 = 0.4$ 千克米。这个机械功若是全部都变成热，就会产生 $0.4 \times 2.3 = 0.92$ 卡（3.84 焦耳）的热量。

这个热量要传到木头的多大的体积上去呢？木头是不善于导热的；因此，摩擦所生的热，只会透到木头里很浅的一层。假设木头的受热层只有 0.5 毫米厚，木棒互相摩擦的面积是 50 厘米和接触面宽度的乘积，现在假设接触面的宽度是 1 厘米。这样，摩擦所生的热量要使 $50 \times 1 \times 0.05 = 2.5$ 平方厘米体积的木头生热。这个体积的木头大约重 1.25 克。木头的比热容假定是 0.6，这些木头应该被加热到

$$\frac{0.92}{1.25 \times 0.6} \approx 1.2\text{℃}。$$

这就是说，假如不是因为冷却造成热量损失，那么摩擦的木棒每秒钟大约提高温度 1.2℃。但是，由于整个木棒都受到空气冷却，冷却的程度极大。因此，马克·吐温说的木棒在摩擦的时候不但没有加热，甚至冻得冷冰冰的，是完全近乎实情的。

如果我们改用钻木取火的方法，那就

古人钻木取火

是另外一回事了。设旋转的那根木棒端的直径是 1 厘米，这个木棒端有 1 厘米长钻在木板里。钻弓长 25 厘米，每秒来去拉动各一次，拉动钻弓的力假定是 2 千克。在这个情形下，每秒钟所做的功仍然是 0.8 × 0.5 = 0.4 千克米，产生的热量也仍然是 0.92 卡。但是这里木头受热的体积却比刚才小得多，一共只有：3.14 × 0.05 = 0.15 立方厘米，重量也只是 0.075 克。因此，棒端凹坑里的温度在理论上应该每秒钟提高

$$\frac{0.92}{0.075 \times 0.6} \approx 20°C 。$$

实际上，温度这样提高（或接近于这样提高）的确可以达到，因为钻的时候，木头的受热部分很不容易散失热量。木头的燃点大约是 250℃，因此，要使木棒燃烧，只要用这个方法继续钻（250 ÷ 20 = 12 秒钟）就可以了。

据人类学家说，原始人中间有钻火经验的人只要几秒钟就可以取到火，这证明我们计算的正确。其实，大家都知道，火车的车轴如果润滑不好，时常就会被烧坏，原因和上面所说的道理完全相同。

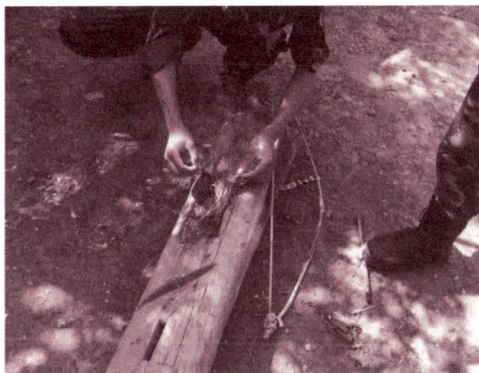
野外求生钻木取火

知识点

燃点

物质的燃点是指将物质在空气中加热时，开始并继续燃烧的最低温度叫做燃点。但燃点数据随试样的形状、测定方法不同而有一定差异。气体、液

体和固体可燃物与空气共存，当达到一定温度时，与火源接触即自行燃烧。火源移走后，仍能继续燃烧的最低温度，成为该物质的燃点或称着火点。在不同大气压下燃点也会有所变化，一般气压越低，燃点越高，如柴油机。柴油机正是通过将空气压缩，降低柴油的燃点，达到燃烧的目的。

延伸阅读

野外取火小窍门

倘若火柴受潮，或没有火柴、打火机，仍然有很多办法取火，但没有一个办法是容易的。无论是用何种方法取火，首先要准备引火物。森林中的杂草、落叶、鸟巢、鼠窝、针叶松的干果、松树的树脂、羽毛、干了的动物粪和苔藓，以及布头、棉花等等都可以。

用放大镜（凸透镜）透过阳光聚焦照射易燃的引火物（腐木、布中抽出的纱线、撕成薄片的干树皮、干木屑等）取火，为人所熟知。此外，放大镜透过阳光聚焦照射，还可将受潮或被水浸湿后晒干的火柴点燃，由此可见放大镜是一种重要的引火工具。

如果没有现成的放大镜，可从望远镜或瞄准镜、照相机上取下一块凸透镜来代替。曾有这样的事例：100多年前，一支外国的探险队在冰天雪地的南极，突然发生了火种断绝的意外事故。有一位探险队员把一块晶莹剔透的冰块，加工成中间厚、周边薄的一个圆形特大凸透镜，再将这冰制的凸透镜立起来使其在阳光下聚焦，最后燃着了引火物获得了火种。

另外，在手电筒反光碗的焦点上放引火物，向着太阳也能取火。

击石取火是人类最早的取火方法，这种方法的使用可能是受到制作石器时迸发出火花的现象的启发。我们可以找一块坚硬的石头作为"火石"，用小刀的背或小片钢铁向下敲击"火石"，使火花落到引火物上。当引火物开始冒烟时，缓缓地吹或扇，使其燃起明火。如果"火石"打不出火来，可另外寻找一块石头再试。当然并不是任何一块石头都能点燃引火物，石头击出的火花必须有一定的热量和持续时间才能点燃引火物。根据考古资料发现，用黄铁矿打击火燧石而产生的火花可以取火。

弓钻取火则是用强韧的树枝或竹片绑上鞋带、绳子或皮带，做成一个弓子。在弓上缠一根干燥的木棍，用它在一小块硬木上迅速地旋转。这样会钻出黑粉末，最后这些黑粉末冒烟而生出火花，点燃引火物。

在平坦的木板上摩擦玻璃片，也能生热发火。待剧烈摩擦时，将引火物吹燃。

找一根干的树干，一头劈开，并用东西将裂缝撑开，塞上引火物，用一根长约两尺的藤条穿在引火物后面，双脚踩紧树干，迅速地左右抽动藤条，使之摩擦发热而将引火物点燃。

还可用两块软质的木头或竹片用力相互摩擦取火，下面垫以棕榈树皮或椰子叶底部的干燥物作引火物。

被硫酸溶解掉的弹簧的能

你把一片钢板弹簧弯曲。你所付出的功就变成被弯曲的弹簧的弹性位能。如果你用这个弹簧去举起什么重物，或者转动车轮等等，那么你就可以重新得到所付出的能；这时候能量的一部分做了有益的工作，另一部分用来克服有害的阻力（摩擦）。可是，你现在拿弯曲了的弹簧做另外一个试验：你把它放到硫酸里去。于是，钢片被溶解掉了。欠了我们能量债的债务人失踪了：无处可

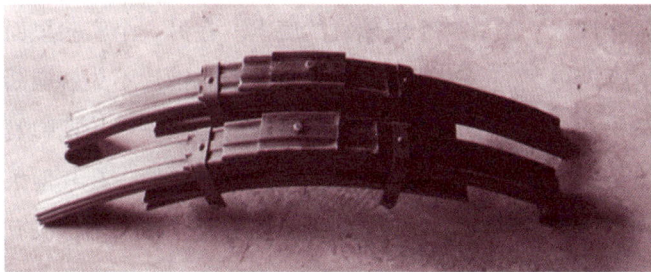

弹簧板

以找回弯曲这个弹簧所付出的能量了。能量守恒定律仿佛被破坏了。

真的是这样吗？其实为什么我们一定要认为这个能量是无影无踪地损失掉了呢？它可以在弹簧被硫酸蚀断的时候弹开来，推动周围的硫酸，用动能的形式出现。它还可以变成热，使硫酸温度增高。当然，不能希望这个温度增加到多高。因为，假设被弯曲的弹簧的两端比它伸直的时候缩近了 10 厘米（0.1 米），又设这时候弹簧的应力是 2 千克（这就是说，弯曲弹簧的力的平均值大约是 1 千克）。所以，弹簧的位能等于 $1 \times 0.1 = 0.1$ 千克米。这相当于 $2.3 \times 0.1 = 0.23$ 卡（0.96 焦耳）的热量。这样少的热量只能把全部硫酸的温度增加几分之一摄氏度，这个温度实际上已经是很难看出的了。

然而，被弯曲的弹簧的能，也还可能变成电能或是化学能；变成化学能的话，会使弹簧的消蚀加快（假如所产生的化学能促进钢的溶解作用的话），或是使弹簧的消蚀减慢（假如化学能阻滞钢的溶解作用的话）。

至于实际上可能发生哪一种情况，那只有实验才能告诉我们。

这种实验已经有人做过了。人们把一片钢片弯曲以后夹在两根玻璃棒中间，两棒相隔半厘米，放在一个玻璃缸的底上。在另一个实验里面，人们把弹簧直接夹在容器两壁之间。容器里面注入了硫酸。钢片不久就崩断了，两个半段一直在硫酸里浸到完全溶解掉。把实验所花的时间——从把弹簧放到硫酸里开始，到一直溶解完毕为止——仔细地记录下来。然后，在其他条件完全相同的情况下，把同样钢片不加弯曲地又做了一次实验。结果是，没有张力的钢片溶解需要的时间比较短。

这说明受有张力的弹簧要比没有张力的弹簧更耐得住侵蚀。因此，无疑

浓硫酸

地，用来弯曲弹簧的能量，一部分变成了化学能，另一部分变成了弹簧弹开时候运动部分的机械能。这里并没有什么能量无影无踪地损失掉。

接着上面这个题目，可以提出这样一个问题：

"一束木柴被送到四层楼上，因此它的位能也随着增加了。那么，木柴燃烧的时候，这部分多出来的位能跑到哪里去。这个谜不难解答，只要你想一想，木柴燃烧以后，它的物质变成燃烧的产物，这些产物在地面上一定高度的地方形成的时候所有的位能，要比在地面上产生的大。

知识点

硫酸

硫酸，化学式为 H_2SO_4。是一种无色无味油状液体，是一种高沸点难挥发的强酸，易溶于水，能以任意比与水混溶。硫酸是基本化学工业中重要产品之一。它不仅作为许多化工产品的原料，而且还广泛地应用于其他的国民经济部门。硫酸是化学六大无机强酸［硫酸、硝酸（HNO_3）、盐酸（HCl，学名氢氯酸）、氢溴酸（HBr）、氢碘酸（HI）、高氯酸（$HClO_4$）］之一，也是所有酸中最常见的强酸之一。

延伸阅读

奇妙的软弹簧

半个世纪前美国人 R. T. James 发现，在极软的弹簧上可以观察到十分奇异的力学现象。他将这种弹簧称作 slinky。这种弹簧的特点是极其柔软，不受力时所有螺圈都互相接触，因此只能拉伸不能压缩。弹簧常数大约是普通弹簧的

1%，将弹簧的两个端面平放在手掌上弯成拱形，然后左右手交替上下移动，可以观察到螺圈从左至右或从右至左交替急速翻滚。最奇妙的是这种 slinky 弹簧能自动步行下楼。将弹簧的两个端面平放在楼梯顶部不同高度的两个台阶上，放手以后弹簧的高处端部会突然跃起，弯曲，下降到低处台阶。然后另一端部跃起，重复此过程，直到下降到楼梯的最底部为止。弹簧的运动就像是一个人蹑足下楼时两条腿的移动过程。slinky（英语意思为鬼鬼祟祟）这个名称生动地反映出弹簧的运动特征。

停下了发动机

[题] 汽车在水平公路上用 72 千米/小时的速度疾驰，这时候司机把发动机停了下来。假如运动的阻力是 2%，问汽车能继续行驶多远？

[解] 这个题目中，汽车的动能要根据另外一些数据来计算。汽车的动能等于 $mv^2/2$，式中 m 是汽车的质量，v 是汽车的速度。这个能量消耗在一段路程 x 上，而汽车在路程 x 上运动的时候受到的阻力等于汽车重量 P 的 2%。因此得到方程式：

$$mv^2/2 = 0.02Px,$$

因为汽车的重量 $P = mg$，这里 g 是重力加速度，因此上面这个方程式。可以改写成

$$mv^2/2 = 0.02mgx,$$

从而所求的距离

$$x = 25v^2/g$$

在最后的结果里面，并不包含汽车的质量在内；因此，汽车在停下发动机以后所驶出的距离，跟汽车的质量没有关系。用 $v = 20$ 米/秒，$g = 9.8$ 米/秒^2 代入上式，可以算出所求的距

发动机

离大约等于1 000米，就是汽车在平坦道路上可以驶出整整1 000米。我们所以得到这么大的数目，是因为计算的时候没有把空气的阻力计算在内，而空气的阻力是随着速度的增加很快增加的。

知识点

发动机

发动机，又称为引擎，是一种能够把其他形式的能转化为另一种能的机器，通常是把化学能转化为机械能。有时它既适用于动力发生装置，也可指包括动力装置的整个机器，比如汽油发动机，航空煤油发动机。有人把引擎称为发动机，其实，发动机是一整套动力输出设备，包括变速齿轮、引擎和传动轴等等，可见引擎只是整个发动机的一个部分，但却是整个发动机的核心部分。人们不断地研制出各种不同类型的发动机，但不管哪种发动机，它的基本前提都是要以某种燃料燃烧来产生动力。所以，以电为能量来源的电动机，不属于发动机的范畴。

延伸阅读

机车轮船的能量

根据"常识"的看法，机车和轮船似乎是把自己的能量全用到本身的运动上去了。而事实上，机车的能量只在最初的1/4分钟里用来使它本身和整列列车运动，其余的时间里（在平路上前进的时候）这个能量只是用来克服摩擦和空气阻力。我们可以说电车发出的电能几乎全部用在加热城市的空气上面——摩擦的功变成了热能。如果没有有害的阻力，火车在最初一二十秒钟跑起来之后，在惯性的作用下在平路上就会一直跑下去，不需要消耗能量。

由于完成匀速运动是没有力参加的，因此也就不消耗能量。假如在匀速运动当中需要消耗能量，这个能量就只是用来克服对匀速运动的一切障碍。轮船上的强大机器也同样只为了用来克服水的阻力。水的阻力比陆上运输的阻力要大得多，此外，这个阻力会随着速度的增加而很快地加大（跟速度的二次方成正比）。这里顺便说一下，水上运输所以不能达到陆上那么高的速度，原因就正在这里。一个划手可以不困难地使他的小艇用 6 千米/小时的速度行进；但是如果想增加 1 千米/小时，那就要使出全力才能做到。至于要想使一只轻便的竞赛艇用 20 千米/小时的速度行进，就得有 8 个异常熟练的船员全力划桨才成。

假如说水对于运动的阻力会随着速度的增加而很快加大的话，那么，水的携带力也同样是随着速度的增加而很快加大。

功的单位

"什么叫做千克米？"

"千克米是把一千克重物提升到一米高度所做的功。"一般都是这样回答。

炮弹发射瞬间

对于功的单位做出这样的定义，许多人都认为是详尽无遗的了，特别是如果再加上一句，说这个提升是指在地面上进行的话。可是，假如你也满足于这样的定义，那你最好是把下面的题目好好研究一下。

"一门大炮，炮膛长 1 米，笔直地向空中射出了 1 千克重的炮弹，炮膛里的火药气体一共只在 1 米的一段距离上起作用。由于在炮弹整个行程的其余部分，气体压力都等于零，这些气体自然是把 1 千克提升到 1 米的高度，也就是说，一共只做了 1 千克米的功。难道大炮所做的功只有这么小吗？"

炮弹发射

假如真是这样的话，那就可以用不着火药，用手也可以把炮弹抛到这个高度。显然，在这个计算里面一定有一个粗心的错误。

是什么样的错误呢？

错误在于我们在考虑所做的功的时候，只注意了这个功的比较小的一部分，而忽略了最主要的部分。我们没有考虑到，炮弹在炮膛里走到终点的时候有了速度，这个速度是炮弹在发射以前所没有的。这就是说，火药气体做的功并不只表现在把炮弹提升 1 米上面，还表现在给炮弹一个极大的速度上面。刚才没有考虑到的这一部分功，如果知道炮弹的速度，就很容易求出。假定炮弹速度是 600 米/秒，就是 60 000 厘米/秒，那么，当炮弹质量是 1 千克（1 000克）的时候，炮弹的动能应该是：

$$m\,v^2/2 = 1\,000 \times 60\,000^2/2 = 18 \times 10^{11}\text{尔格}。$$

尔格就是达因厘米（一达因力推动 1 厘米所做的功）。因为 1 千克米大约等于 $1\,000\,000 \times 100 = 10^8$ 达因厘米，所以炮弹的动能是：

$$18 \times 10^{11} \div 10^8 = 18\,000\text{ 千克米}。$$

看，只是由于对千克米所下的定义不正确，竟忽略了多么大的一部分功！

这个定义应该怎样补充，现在自然已经很清楚了：

千克米是在地球表面上提升 1 千克原来静止的重物到 1 米高度的时候所做的功。这里有一个条件，就是，提升到末了重物的速度应该是零。

知识点

火 药

火药为一种黑色或棕色的炸药，由硝酸钾、木炭和硫磺混合而成，最初均制成粉末状，以后一般制成大小不同的颗粒状，可供不同用途之需，在采用无烟火药以前，一直用作唯一的军用发射药。火药是在适当的外界能量作用下，自身能进行迅速而有规律的燃烧，同时生成大量高温燃气的物质。在军事上主要用作枪弹、炮弹的发射药和火箭、导弹的推进剂及其他驱动装置的能源，是弹药的重要组成部分。火药是中国四大发明之一，是人类文明史上的一项杰出的成就。

延伸阅读

1 千克米的功如何产生

把 1 千克的砝码提升到 1 米，这好像并没有什么困难。可是，要用多大的力量来提这个砝码呢？用 1 千克的力是提不起来的。要用比 1 千克大的力：超过砝码重量的力就是用来使砝码运动的力。但是，不断作用的力会使被提升的重物产生加速度；因此砝码在提升到末了的时候，会有一定的速度，这个速度不是零，——这就是说所做的功也不是 1 千克米，而是比 1 千克米多些。

要怎么做才能使 1 千克的砝码提升 1 米的时候，恰好做出 1 千克米的功呢？可以这样来提这个砝码：在开始提的时候，要用一个比 1 千克大一些的力从下面推砝码向上。这样就会给砝码一个一定的、向上的速度，然后就要减少或者完全停止手的压力，让砝码的运动慢下来。手停止向砝码加压力的时刻要选得适当，使得砝码慢下来以后，恰好在它的速度变成零的时候完成它的 1 米的运动路程。这样做的话，就不是向砝码加一个大小不变的 1 千克的力，而是一个大小变换的力，这个力先是比 1 千克大，后来又比 1 千克小，我们就可以做出恰好是 1 千克米的功。

人类的机器奴隶

我们四周有不少的机械发动机，但是我们并不总能对我们的"机器奴隶"的威力有很好的了解，列宁把机械发动机叫做"机器奴隶"，真是十分恰当的。机械发动机比活发动机好的地方，首先是在比较小的体积里面集中了巨大的功率。古代所知道的最强大的"机器"就是强壮的马或是大象。那时候要想加大功率，只有增加牲口的数目。至于把许多马的工作能力结合在一部发动机里，这只是新时代的技术所解决的问题。

100 多年前，最强有力的机器是 20 马力的蒸汽机，重 2 吨。每匹马力要平均到 100 千克的机器重量。为了简便起见，让我们把 1 马力的功率和一匹马

人类发明的机器

的功率等同起来。那么，就马来说，每马力要合 500 千克重量（马的平均重量），而就机械发动机来说，每马力大约合 100 千克重量。蒸汽机好像把 5 匹马的功率合并到一匹马的身上一样。

现代 2 000 马力的机车重 100 吨，它的每马力重量就更小。而功率 4 500 马力的电气机车重 120 吨，因此每马力只合到 27 千克的重量。

在这方面，有巨大进步的是航空发动机。一部 550 马力的航空发动机只重 500 千克：这里每马力只合到 1 千克不到的重量。

航空发动机

表现得更清楚的是"小马"和"大马"表示，钢铁"肌肉"的多么微不足道的重量在和活牲口的巨大肌肉相抗衡。

最后使我们明显地看到一部小型航空发动机的功率和马的功率的对比：162 马力的发动机的汽缸容量一共只有 2 升。

在这场竞赛里，现代技术还没有做出最后的结语。我们还没有把燃料里所含的全部能量都挖掘出来。现在我们来看看，在 1 千卡（4.18 焦耳）热量里面到底蕴藏着多少功，所谓 1 千卡就是用来使 1 升水升高温度 1℃ 的热量。1 千卡热量如果全部——就是 100% 变成机械能，可以提供 427 千克米的功，就是能够比方说把 427 千克的重物提升 1 米。可是，现代的热力发动机只能把它的 10% ~30% 用到有益工作上，就是这些发动机从锅炉里产生的每 1 千卡热量里只能取用 100 千克米左右的功，而不是理论上的 427 千克米。

现代步枪

在人类发明的各种产生机械能的能源当中，哪一种功率最大呢？是火器。

现代步枪重大约 4 千克（实际起作用的部分只有这个重量的一半），发射的时候可以产生 400 千克米的功。这看起来仿佛不大，但是我们不要忘记，枪弹只是当它在枪膛里滑动的极短时间里受到火药气体的作用，这段时间一共只有 1/800 秒钟。发动机功率是用每秒钟所做的功米度量的，因此，如果计算火药气体在 1 秒钟里所做的功，所得出的步枪发射功率就是一个很大的数

古老的马车

字：$400 \times 800 = 320\,000$ 千克米/秒，或 4 300 马力。最后，把这个功率用步枪起作用部分的重量（2 千克）除，可知这里平均每马力只合到极小极小的重量——只合半克！请设想一匹半克重的"小马"：这匹像甲虫大小的"小马"，在功率上竟跟真正的马不相上下！

如果不是讲功率和重量的比值，而是讲绝对功率，那么一切记录都要给大炮打破。大炮能够把 900 千克重的炮弹用 500 米/秒的速度发射出去（而且这并不是技术的最后成就），在 1/100 秒里可以产生大约 1 100 万千克米的功，这个巨大的功：它相当于把 75 吨的重物（75 吨重的轮船）提升到齐阿普斯金字塔顶（150 米）所做的功。这个功是在 0.01 秒里产生的；因此，这个功率是 11 万万千克米/秒或 1 500 万马力。

知识点

卡

卡是卡路里的简称（缩写为 cal），由英文 Calorie 音译而来，其定义为将 1 克水在 1 大气压下提升 1℃所需要的热量。卡路里是能量单位，现在仍被广泛使用在营养计量和健身手册上。国际标准的能量单位是焦耳（joule），1 卡 = 4.185 焦耳。千卡是热量单位，相当于工程单位千卡/千克，多用于营养计量和健身手册上。

在物理学上，将 1kg 纯水温度升高或降低 1℃，所吸收或放出的热量定为 1 千卡。千卡就是千卡/千克（正规说应该是千卡即 kcal/kg）。用来评价燃料的品质，一千克燃料能使 x 千克水升高 1℃就是这种燃料的热值是 x 千卡。

延伸阅读

怎样计算功

我们刚才已经看到，要提升1千克重物到1米高恰好做出1千克米的功是多么复杂的事。因此，最好根本不要去采用这个千克米的定义，这个定义看来仿佛简单，实际上却叫人模糊。

下面一个定义就方便得多，而且不会产生什么误会：千克米是1千克力在1米路程上所做的功，假如力的作用方向和路程方向一致的话。后面的条件——方向一致——是完全必要的。假如忽略了这一个条件，功的计算就会产生极大的错误。

要想比较发动机的工作能力，就要比较它们在相同时间里面所做的功。最方便的时间单位是秒。因此，力学里面引进了度量工作能力的一个名词，叫做功率。所谓发动机的功率是指发动机在1秒钟里面所做的功。在工程上，功率的单位有每秒千克米（1千克米/秒）和马力两种，1马力等于75千克米/秒。

让我们演算下面一个题目，当做例子。

一部重850千克的汽车，用每小时72千米的速度在水平的直路上行进。求汽车的功率，设行进的时候受到的阻力是它重量的20%。

首先，让我们求出使汽车行进的力。在匀速运动的时候，这个力完全跟阻力相等，就是：

$850 \times 0.2 = 170$ 千克。

现在来求汽车在1秒钟里面走的路程，这个路程等于

$(72 \times 1\,000) / 3\,600 = 20$ 米/秒。

因为产生运动的力的方向跟运动方向一致，所以把力乘每秒钟走的路程，就可以得到汽车在1秒钟里所做的功，也就是汽车的功率：

170 千克 $\times 20$ 米/秒 $= 3\,400$ 千克米/秒。

换算成马力的话，大约合：

3 400 ÷ 75 = 45.33 马力。

活发动机和机械发动机

　　一个人能不能够产生一马力的功率呢？换句话说，他能不能够在 1 秒钟里面完成 75 千克米的功？

　　一般认为，人在正常工作条件下的功率在 1/10 马力左右，就是在 7 ~ 8 千克米/秒左右，这种看法是完全正确的。但是，在特别的条件下，人可以在短时间里面发出大得很多的功率。譬如说，当我们匆匆地奔上楼梯的时候，所做的功就在 8 千克米/秒以上。假如我们每秒钟使身体升高 6 个梯阶，那么，设体重是 70 千克，梯阶每阶高 17 厘米，我们所做的功就是：

$$70 \times 6 \times 0.17 = 71 \text{ 千克米}，$$

就是将近 1 马力，也就是说，大约等于一匹马的功率的 1.5 倍。当然这样紧张的工作我们只能维持几分钟，然后就得休息。假如把这些没有动作的时间也算在内，那么我们的功率平均不超过 0.1 马力。

　　几年前，在短距离（90 米）赛跑的时候，曾经有过这样情形：运动员发挥了 550 千克米/秒的功率，就是 7.3 马力。

　　马也能够把自己的功率提高到 10 倍或更多的倍数。举例来说，体重 500 千克的马，在 1 秒钟里做 1 米高的跳跃，做的功是 500 千克米，这大约相当于

$$500 ÷ 75 = 6.7 \text{ 马力}。$$

　　这里让我提醒大家，1 马力功率实际上相当于一匹马的平均功率的 1.5 倍，因此在刚才这个例子里，功率已经提高到 10 倍了。

　　活发动机能在短时间里面提高自己功率到许多倍，这是活发动机比机械发动机好的地方。在良好平坦的公路上，10 马力的汽车无疑要比两匹马的马车更好。但是在沙地上这个汽车就要陷在沙里面，而两匹马呢，它们能在需要的时候产生 15 马力或者更大的功率，因此能够克服这一个阻碍。有一个物理学家曾经就这件事情说过："从某些观点来看，马确实是极有用处的机器，它的

古时候人们常将多匹马套在一起拉车

效能在汽车没有发明之前我们还不能很好体会，一般马车都只套两匹马，而汽车呢，为了不至于在每一个小丘面前停下来，却一定要套上至少 12 ~ 15 匹马。"

可是在比较活发动机和机械发动机的时候，还要注意另外一个重要的事实。这就是：几匹马的力量并不是按照算术加法的规则总合起来的。两匹马一齐拉的时候，力量比一匹马的两倍要小，二匹马一齐拉的力量也比一匹马的三倍小，等等。所以产生这种现象，是因为套在一起的几匹马，用力并不协调，有时候还彼此妨碍。实践告诉我们，不同数目的马套在一起的时候，它们的功率是这样：

套在一起的马数	每匹马的功率	总功率
1	1	1
2	0.92	1.9
3	0.85	2.6
4	0.77	3.1
5	0.7	3.5
6	0.62	3.7
7	0.55	3.8
8	0.47	3.8

从上表可以看出，5 匹马共同工作，所提供的牵引力并不是一匹马的 5 倍，而只是 3.5 倍；8 匹马所产生的力量只是一匹马的 3.8 倍；假如再增加马的匹数，成绩还要坏。

从这里可以知道，比方说，一部 10 马力的拖拉机，在实用上决不能够用 15 匹马来代替。

一般地说，不管多少匹马也不能代替一辆即使是马力相当小的拖拉机。

法国人有一句俗话："一百只兔子变不出一只象来。"我们呢，也可以用同样正确的话来说："一百匹马代替不了一部拖拉机。"

知识点

马　车

马车是马拉的车子，或载人，或运货。马车的历史极为久远，它几乎与人类的文明一样漫长。一直到 19 世纪，马车仍然是城市交通的十分重要的交通工具。人们喜欢马车的优雅和诗意，喜欢乘坐马车从容地穿过乡村大道或古旧的城区街巷去访问朋友。随着火车和汽车的出现，车轮转动的速度越来越快。至此，马车的黄金时代宣告结束。

延伸阅读

冰海沉船的启示

说到冰海沉船人们很自然地会想到英国白星航运公司的豪华邮轮"泰坦尼克"号触冰山而沉没的悲怆一幕，更由于《泰坦尼克》这部电影的生动描述，当年的悲壮场面令人终生难忘。"泰坦尼克"号是当时最大、最豪华的邮轮，排水量为 4 600 吨，有海上都城之称。为什么与冰川的一次冲撞竟会产生 90 多米长的大裂纹？有没有办法保证即使撞上冰山也不会导致轮船沉没呢？某些钢材在低温下会变脆，在极低的温度下甚至像陶瓷那样经不起冲击和震动。材料抗冲击、抗断裂的能力称之为韧性。实验表明，钢材的断裂性是随温度升高而增加的。在某一个温度范围之内，钢由脆性破坏很快地转化为塑性破坏。对于船舶用钢来说，韧性—脆性转变温度大约在 40℃ ~ 0℃ 之间，而"泰坦尼克"号正是在这一温度范围内航行的，所以轮船由于裂纹等缺陷的存在而发生脆性断裂就不足为怪了。通常裂纹导致脆断是突然发生的，其破坏力十分惊人。人们对钢材低温性能的了解为造船的选材提供了科学的依据，选用转变温度远低于使用温度的钢材可以有效地防止结构发生低温脆断。事隔 77 年，前苏联大型游览客轮"马克希姆·高尔基"号在北大西洋与冰山相撞，船头顿时裂开 6m 长、15cm 宽的缝。然而此次事故无一伤亡。人们是否会想"马克希姆·高尔基"号比"泰坦尼克"号幸运并非偶然呢？

物体落下之谜

　　物体落下是大家都知道的现象，也会是一个很好的例子，来说明日常看法跟科学看法上的巨大的分歧。不懂力学的人肯定地认为重的物体要比轻的物体落下得快些。这个从亚里士多德起源的看法，在很多世纪里曾经有过分歧的意见，一直到 17 世纪才被现代物理学的奠基人伽利略所驳斥。这位也曾经做过普及工作的伟大的自然科学家，他的思想方法的确是精明极了："我们用不着做实验，只要用简单而叫人信服的推论，就可以明确指出，那种认为比较重的物体比用同一种物质构成的比较轻的物体落下得快些的说法是错误的……假设我们有两个落下的物体，它们的自然速度不同，我们把运动得快些的跟运动得慢些的连结起来，那么显而易见，落下得快些的物体的运动一定要被阻滞，而另一个物体的运动却会略略加快。但是假如是这样的话，并且，大石头的运动速度比方说是 8'度'（假设的单位），而小石头是 4'度'，假如这也是正确的话，那么把两块石头连结到一起，应该得到比 8 '度' 小的速度；可是，两块石头连结在一起，合成的物体比原来有 8 '度' 速度的石头还大；这就等于说比较重的物体的运动速度比那比较轻的物体小；而这恰好跟上面的假设相矛盾。你看，从比较重的物体运动得比那比较轻的物体快些这个说法，我可以得出一个结论，就是比较重的物体运动得慢些。"

我们现在都已经清楚地知道，一切物体在真空里落下的速度都是相同的，物体在空气里落下的时候速度所以不同，是因为有空气的阻力。可是，这里也产生了这样的疑

自由下落的跳伞者

问：空气对运动所起的阻力，只跟物体的尺寸和形状有关；因此，两个大小和形状相同的物体，如果只有重量不同，就应该用相同的速度落下：它们在真空里的速度相等，在空气阻力作用下减低的速度也应该相等。这就是说，同样直

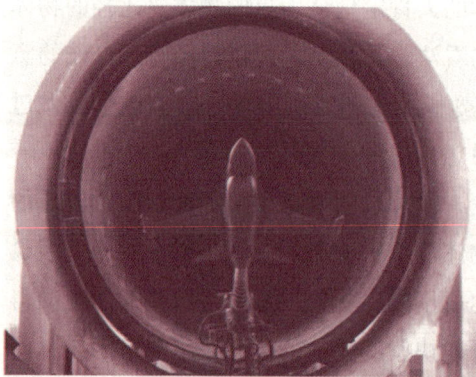

飞机在风洞中

径的铁球和木球应该落下得一样快，——但是这个推论显然是跟实际情况不符的。

怎样解决这个理论跟实际的冲突呢？

让我们想象一下请"风洞"来帮我们忙，把它竖立起来，把同样尺寸的木球和铁球挂在风洞里，让它们受到从风洞下端来的空气流的作用。换句话说，我们把物体在空

气里的落下"颠倒"了一下。哪一个球更快地被空气流吹走呢？显然，虽然作用在两个球上的力量相等，两个球得到的加速度却并不一样：轻球得到的加速度比较大（根据公式 $F = ma$）。把这应用到没有"颠倒"过的原来的现象，可以看到轻球在落下的时候应该落在重球后面，换句话说，铁球在空气里要比跟它同体积的木球落得快些。顺便提一下，上面说的也说明了为什么炮手这样重视炮弹的"截面负载"，这就是炮弹受到空气阻力的每 1 平方厘米面积上分配到的那一部分质量。

再举一例。你可曾玩过从山顶上向下面投掷石块的游戏？这时候你不会不注意到，大石块一般都飞出得比小石块远些。它的解释很简单：大小石块在飞行的路上碰到差不多一样的阻碍，但是大石块因为有比较大的动能，比较容易克服那足够阻碍小石块的阻力。

截面负载的大小，在计算人造地球卫星的寿命长短的时候，是很值得注意的。人造卫星横截面上每一平方厘米上平均到的质量越大，卫星在环绕地球飞行轨道上就能维持得越久——如果其他条件相同的话，因为空气阻力对它的运动所起的作用比较小。

牛顿管实验

人造卫星

人造地球卫星进入轨道以后，如果跟运载火箭最后一级脱离，那么，大家知道，最后一级就将作为独立的人造卫星绕地球运行。值得注意的是，装有各种仪器的容器离开运载火箭以后围绕地球转的时间比运载火箭最后一级更久，尽管它们最初的轨道几乎彼此完全相同。这是因为空的一级火箭（它的燃料在把卫星送入轨道上的时候已经用完）的截面负载总要比装满各种科学仪器的人造卫星小。

人造卫星飞行的时候，它的截面负载不是固定不变的，这是因为，由于人造卫星毫无规则地乱翻"筋斗"，它跟运动方向垂直的横截面面积不断地在变动。只有球形的卫星，截面负载才一直不变。因此，观测这种卫星的运动，对于研究高空的大气密度特别有利。

知识点

真空

真空是一种不存在任何物质的空间状态，是一种物理现象。在"真空"中，声音因为没有介质而无法传递，但电磁波的传递却不受真空的影响。事实上，在真空技术里，真空系针对大气而言，一特定空间内部之部分物质被排出，使其压力小于一个标准大气压，则我们通称此空间为真空或真空状态。1真空常用帕斯卡或托尔作为压力的单位。目前在自然环境里，只有外太空堪称最接近真空的空间。

延伸阅读

卫星

卫星，是指在宇宙中所有围绕行星轨道上运行的天体，环绕哪一颗行星运转，就把它叫做那一颗行星的卫星。比如，月亮环绕着地球旋转，它就是地球的卫星。"人造卫星"就是我们人类"人工制造的卫星"。科学家用火箭把它发射到预定的轨道，使它环绕着地球或其他行星运转，以便进行探测或科学研究。

人造卫星是发射数量最多，用途最广，发展最快的航天器。1957 年 10 月 4 日苏联发射了世界上第一颗人造卫星。之后，美国、法国、日本也相继发射了人造卫星。我国于 1970 年 4 月 24 日发射了自己的第一颗人造卫星"东方红一号"。截止 1992 年底中国共成功发射 33 颗不同类型的人造卫星。

人造卫星一般由专用系统和保障系统组成。专用系统是指与卫星所执行的任务直接有关的系统，也称为有效载荷。应用卫星的专用系统按卫星的各种用途包括：通信转发器，遥感器，导航设备等。科学卫星的专用系统则是各种空间物理探测、天文探测等仪器。技术试验卫星的专用系统则是各种新原理、新技术、新方案、新仪器设备和新材料的试验设备。保障系统是指保障卫星和专用系统在空间正常工作的系统，也称为服务系统。主要有结构系统、电源系统、热控制系统、姿态控制和轨道控制系统、无线电测控系统等。对于返回卫星，则还有返回着陆系统。

人造卫星的运动轨道取决于卫星的任务要求，区分为低轨道、中高轨道、地球同步轨道、地球静止轨道、太阳同步轨道、大椭圆轨道和极轨道。

雨滴的速度

雨水淋在行进中的火车玻璃窗上形成的斜线，说明了一个有趣的现象。这里发生的是两个运动按照平行四边形规则的结合，因为雨滴在落下的同时，还参加到火车的运动里去。请注意这个合成的运动是直线运动。但是合成这个运动的一个运动（火车的运动）是匀速运动。力学告诉我们，在这种情况下，另一个运动就是雨滴的落下也应该是匀速运动。这个结论真是太出人意料了：落下的物体，竟然是匀速运动！这简直是荒谬极了。但是，车窗玻璃上的斜线既然是直线，那就必然要得出这样的结论：假如雨滴是加速度地落下来的，玻璃上的雨水应该形成曲线（如果是匀加速地落下，应该形成抛物线）。

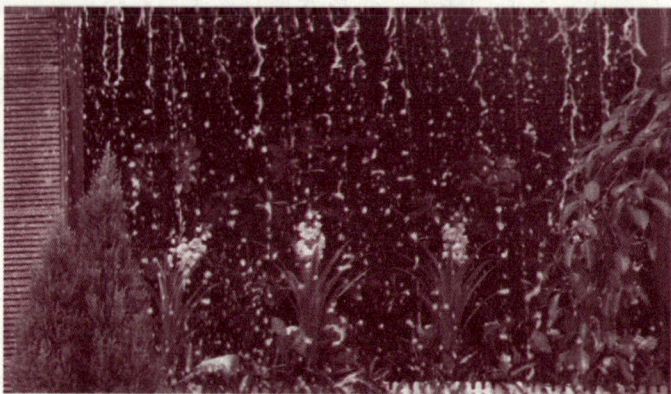

下落的雨滴

因此，雨滴并不是像落下的石块般地加速度地落下，而是匀速落下的。原因是空气阻力完全平衡了产生加速度的雨滴重量。要不是这样的话，假如不是空气阻止着雨滴的落下，那所产生的后果对于我们会是非常悲惨的：雨云时常聚集在 1 000 ~ 2 000 米高的地方，如果在毫无阻力的介质里面从 2 000 米高度落下来，雨滴落到地面上的速度应该是：

$$v = \sqrt{2gh} = \sqrt{2 \times 9.8 \times 2\ 000} \approx 200\ \text{米/秒}。$$

这是手枪子弹的速度。雨滴虽然不是铅弹而是水，它的动能只有铅弹的 1/10，但是我想这种扫射也总不会很舒适。

雨滴实际上是用什么速度落到地面上的呢？我们就来研究这个问题，但是首先我们先来说明一下，雨滴为什么是匀速运动的。

物体落下的时候受到的空气阻力，在整个落下过程当中并不相等。它随着落下速度的增加而增加。在最初的一瞬间，当落下的速度微不足道的时候，空气阻力可以完全不考虑。接着，落下的速度增加了，阻碍这个速度增加的阻力也随着增加了。这时候物体仍是加速度地落下的，但是加速度比自由落下来的小。随后，加速度继续减小，直到实际上变成了零：从这一刻起，物体运动就没有加速度，就是变成匀速运动了。又因为速度已经不再增加，阻力也就不再增加，匀速运动就不会受到破坏——既不会变成加速运动，也不会变成减速运动。

所以，在空气里落下的物体，应该从一定的时刻起进行匀速的运动。对于一滴水滴来说，这个时刻到来得很早。测量雨滴落下的末速度的结果告诉我们，这个速度极小，特别是细小的雨滴。0.03 毫克的雨滴的末速度是 1.7 米/秒，20 毫克的雨滴是 7 米/秒，最大的 200 毫克重的雨滴也不过达到 8 米/秒，还没有发现过比这更大的速度。

测量雨滴速度的方法非常巧妙。测量用的仪器有两个圆盘，紧紧地装在一根共同的竖直轴上。上面一个圆盘上开了狭狭的扇形的一道缝。把这仪器用雨伞遮着送到雨里，让它很快地转起来，然后把伞拿开。于是，通过上面圆盘狭缝的雨滴，就落到铺着吸墨纸的下面圆盘上。当雨滴在两个圆盘之间落下的时候，两个圆盘转出了一个角度，因此雨滴落到下面圆盘的地点已经不是在上面圆盘狭缝的正下方，而是稍稍落后一些。比方说雨滴落在下面圆盘上的位置落后了整个圆周长的 1/20，又设圆盘每分钟转 20 转，两个圆盘之间的距离是 40 厘米。根据这些数字，不难求出雨滴的落下速度：雨滴走过两个圆盘之间的距离（0.4 米）所花的时间，恰是每分钟转 20 转的圆盘转出一周的 1/20 的时间，这段时间等于：

$$\frac{1}{20} \div \frac{20}{60} = 0.15 \text{ 秒}。$$

雨滴在 0.15 秒钟里落下了 0.4 米；因此它落下的速度等于 0.4 ÷ 0.15 = 2.6 米/秒（枪弹射出的速度也可以用完全相类似的方法求出）。

至于雨滴的重量，可以根据雨滴落在吸墨纸上的湿迹的大小算出来。每 1 平方厘米吸墨纸能够吸收多少毫克的水，要事先测定。

现在让我们看一看雨滴落下的速度跟重量的关系：

雹子落下的速度比雨滴大。这当然并不是因为雹子比水滴的密度大（相反，水的密度要大些），而是因为雹子颗粒比较大。可是，就连雹子在接近地面的时候也是用不变的速度落下的。

甚至从飞机上投下的榴霰弹（小铅球，直径大约 1.5 厘米）在到达地面的时候也是匀速的，而且速度相当缓慢；因此它们几乎是无害的，甚至不能够击穿软毡帽。可是从同样高度投下的铁"箭"却是一件可怕的武器，它能贯

冰　雹

穿人的身体。原因是在铁箭的每1平方厘米截面积上所平均到的质量，要比圆铅弹上的大得多；正像炮手们说的箭的"截面负载"比子弹大，因此箭比较容易克服空气的阻力。

知识点

阻　力

　　妨碍物体运动的作用力，称为"阻力"，又称后曳力。在一段平直的铁路上行驶的火车，受到机车的牵引力，同时受到空气和铁轨对它的阻力。牵引力和阻力的方向相反，牵引力使火车速度增大，而阻力使火车的速度减小。如果牵引力和阻力彼此平衡，它们对火车的作用就互相抵消，火车就保持匀速直线运动或静止状态。物体在液体中运动时，运动物体受到流体的作用力，使其速度减小，这种作用力亦是阻力。例如划船时船桨与水之间，水阻碍桨向后运动之力就是阻力。又如，物体在空气中运动，因与空气摩擦而受到阻力。

延伸阅读

舰载机的弹射和阻拦

舰载机弹射装置是航空母舰上推动舰载飞机增大起飞初速、缩短滑跑距离的机械装置。一般由动力系统、往复车、导向滑轨等组成。主要有压缩空气式、火药式、电动式、液压式、蒸汽式等。除蒸汽式外，其余形式弹射器由于弹射能量限制，已逐渐被淘汰。蒸汽式弹射装置，用舰上主锅炉的高压蒸汽作为动力，弹射能量大，安全性和加速性能好，可弹射3~20吨重的飞机使其起飞速度达到每小时250~350千米，每分钟可以弹射1~3架。一般装2~3部，分别设在前飞行甲板和斜角甲板。

舰载机拦阻装置是航空母舰上吸收着舰飞机的前冲能量，以缩短其滑行距离的装置。由拦阻索、拦阻网及其拦阻机、缓冲器、控制系统等构成。拦阻索用于飞机正常着舰，是用钢索横拦于斜角飞行甲板上，与着舰方向垂直，每隔10余米设一道，共设4~6道。飞机接近母舰时，放下尾钩，钩住任何一道拦阻索，在飞机惯力作用下拦阻索被拖出，拉动缓冲器，拦阻索被抑制，飞机逐渐减速，滑行50~95米后刹车停住。应急着舰时使用拦阻网。当飞机尾钩损坏或因故障放不下，又不能复飞时，则需临时架设拦阻网将飞机阻拦在甲板上。现代拦阻网多由尼龙带制成，布置在最后一道拦阻索前方，高约4.5米，宽度略大于拦阻索。

雨水淋得更湿的时间

在这一章里，我们谈了许多关于雨滴落下的问题。因此在结束这一章的时候，向读者提出一个题目，这个题目虽然不是跟本章的主题直接有关，但是跟雨滴落下的力学却有密切的关系。

我们就用这个看来非常简单、但是相当有教育意义的实际题目来结束这一章。

[题]当雨竖直落下来的时候，你的帽子在什么情况下湿得更厉害：是你站着不动的情况下呢，还是在雨里走同样时间的情况下？

这个题目如果换一个形式，就容易解答了：

雨竖直落下来。在什么情况下每秒钟里落到车顶上的雨水多——在车停着的时候呢，还是在它行驶的时候？

我把这个题目（用这一种或者那一种形式）提给了许多研究力学的人，结果得到各种不同的答案。为了爱惜帽子，有些人建议最好在雨里安静地站着，另外一些人却相反，建议要尽快地奔跑。

究竟哪一个答案对呢？

[解]我们研究问题的第二种提法——研究雨水淋在车顶上的情形。

车辆固定不动的时候，每秒钟里用雨滴形式落到车顶上的雨水，形状像一个直棱柱形，棱柱的底是车顶，棱柱的高是雨滴竖直落下的速度v。

比较难计算的是落在运动着的车辆顶上的雨水量。让我们这样来想：车辆用速度c在地面上运动，我们也可以把车辆看成固定不动，而地面在用速度c向相反的方向运动。这时候跟地面相对来说是竖直落下的雨滴，跟这个固定不动的车辆相对来说却是在进行两种运动：用速度v竖直落下和用速度c水平移动。这两种运动的合成速度v_1，应该跟车顶成一个倾斜角；换句话说，车辆就仿佛在倾斜落下的雨里一样。

现在已经很明显，就是每秒钟里落在运动着的车顶上的全部雨滴，完全包括在一个倾斜的棱柱体里，这个棱柱体的底仍然是车顶，各个侧棱却跟竖直线成α角的倾斜，侧棱长是v_1。这个棱柱体的高等于

$$v_1\cos\alpha = v。$$

这样，刚才谈的两个棱柱体，一个直棱柱体（雨滴竖直落下的情形）和一个斜棱柱体（雨滴倾斜落下的情形），有共同的底（车顶）和相等的高，因此也就是同样大小。在两种情况下，落下的雨水量竟是完全相等的！因此，不论你是在雨里笔直站上半小时，或是在雨里奔跑半小时，你的帽子被打湿的程度应该是完全一样的。

知识点

雨 滴

　　雨滴是一种自然降水现象。大气层中的水蒸气凝结成小水珠，大量的小水珠形成了云。当云中的水珠达到一定质量以后就会下落至地表，这就是降雨。雨是地球水循环不可缺少的一部分，是大部分生态系统的水分来源，是几乎所有的远离河流的陆生植物补给淡水的唯一方法。雨滴也有可能在还未到达地面时就完全蒸发，有些形况就是在当雨通过森林的林木时，雨常会被森林截流，而直接蒸发入大气中，这种情形可以减少雨对于地表的侵蚀。在有些地表炎热的地区（如沙漠地区）水分直接蒸发尤为常见。这样的降雨被称为幡状云。

延伸阅读

峡江漱石水多漩

　　钻火巴东岸，机金峡口船。束江崖欲合，漱石水多漩。这是宋代诗人范成大所作"初入巫峡"五言律诗中的诗句。范成大的诗生动形象地描述了在长江三峡段行舟所遇漩涡的惊险情景，有时能安稳行舟，江面上如熨缎一样顺利恬静，但江水忽然翻滚而起如嫌车翻搅，使人猝然不备。从范成大对漩涡形象描述中看出，他对漩涡产生的规律进行的思考。特别是"未尝有定处，或无故突然而作"这段描述，与近代流体力学对壁湍流碎发现象的描述颇有相似之处。

　　实际上不只是江水中有漩涡，在自然界中我们可以经常到形形色色的流体漩涡。宇宙空间的漩涡星云可能是尺度最大的漩涡。夏季的台风是反时钟方向旋转的强烈漩涡。海面与地面上的龙卷风也是一种破坏性极强的漩涡。旋风分离器是靠人为制造的漩涡来分离由锅炉排放出烟气中的固体颗粒，使得烟筒只排放较洁净的气体，以达到环境保护的目的。

　　漩涡有害亦有利，所以科学工作者们在研究如何在生产过程中控制漩涡的产生和发展，并对自然界中有巨大破坏作用的漩涡加强预报，研究减轻灾害的方法。

天体力学

TIANTI LIXUE

　　天体力学是天文学和力学之间的交叉学科，是天文学中较早形成的一个分支学科，它主要应用力学规律来研究天体的运动和形状。天体力学以往所涉及的天体主要是太阳系内的天体，20世纪50年代以后也包括人造天体和一些成员不多（几个到几百个）的恒星系统。天体的力学运动是指天体质量中心在空间轨道的移动和绕质量中心的转动（自转）。对日月和行星则是要确定它们的轨道，编制星历表，计算质量并根据它们的自传确定天体的形状等等。

　　天体力学的发展同数学、力学、地学、星际航行学以及天文学的其他分支学科都有相互联系。如天体力学定性理论与拓扑学、微分方程定性理论紧密联系；多体问题也是一般力学问题；天文动力学也是星际航行学的分支，引力理论、小恒星系的运动等是与天体物理学的共同问题；动力演化是与天体演化学的共同问题以及地球自转理论是与天体测量学的共同问题等。

宇宙火箭的运行速度

设有一支强力火箭，在介质阻力微不足道的高度上，当发动机工作终止时达到一个很大的、竖直上升的速度，并离开地球远去。

如果没有地球引力，火箭在惯性作用下就将以不变的速度向宇宙空间前进。由于地球引力的作用，火箭的运动是要逐渐慢下来的。对于行星际飞行，很重要的一件事是研究火箭离开地球以后速度降低的情况。

大家知道，任何一个运动体都具有动能。设用 v_0 表示火箭在 A 点当发动机关闭时候的速度。如果火箭质量等于 m，那么它的动能是 $mv_0^2/2$。

火箭升空

发射轨

垂直方向：
$$Fv(t)=T(t)-W(t)$$

水平方向：
$$F_h=0$$

重力 W

坐标轴
纵轴（垂直）$-v$

横轴（水平）$-h$　　　　　　地面

推力 T

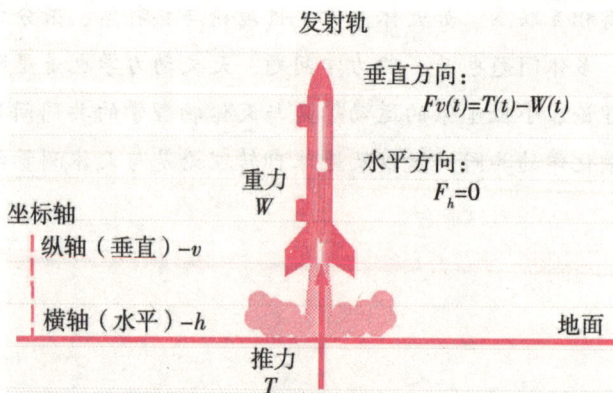

火箭起飞受力示意图

为了便于说明，假设 A 点恰好位于地球表面上。经过很短一段时间后，火箭离开了地球表面一段距离 h，到达 B 点。火箭的动能比开始的时候减少了一些，因为一部分能量消耗在使火箭升高上面，就是为了克服地球引力做了功（这里不去考虑介质的阻力，因为事实上火箭上的发动机只是在火箭穿过了比较稠密的大气层以后才关闭的）。因此，B 点的速度 v_1 一定小于 v_0。减少的动能等于 $mv_0^2/2 - mv_1^2/2$。

知识点

火 箭

火箭是以热气流高速向后喷出，利用产生的反作用力向前运动的喷气推进装置。它自身携带燃烧剂与氧化剂，不依赖空气中的氧助燃，既可在大气中，又可在外层空间飞行。现代火箭可用作快速远距离运送工具，如作为探空、发射人造卫星、载人飞船、空间站的运载工具，以及其他飞行器的助推器等。如用于投送作战用的战斗部（弹头），便构成火箭武器。其中可以制导的称为导弹，无制导的称为火箭弹。

延伸阅读

中国卫星发射基地

1. 酒泉卫星发射基地

酒泉卫星发射基地位于酒泉市东北 210 千米处的巴丹吉林沙漠深处，建于 1958 年，是规模最大的卫星发射中心，也是各种型号运载火箭和探空气象火箭的综合发射场，拥有完整、可靠的发射设施，能发射较大倾角的中、低轨道卫星。中心自 1958 年创建以来，曾为中国航天事业的发展创造过骄人的"八个第一"：1970 年 4 月 21 日，中国的第一颗人造地球卫星在这里升空；1975 年 11 月 26 日，第一颗返回式人造地球卫星在这里升空；1980 年 5 月 18 日，第一枚远程运载火箭在这里飞向太平洋预定海域；1981 年 9 月 20 日，第一次用一枚火箭将 3 颗卫星送上太空……至今，酒泉卫星发射中心已成功地发射了 21 颗科学试验卫星，其中，这里发射的 8 颗可收回卫星，成功率达 100%。为中国著名的三大卫星发射基地之一。

2. 西昌卫星发射中心

西昌卫星发射中心始建于 1970 年，于 1982 年交付使用，自 1984 年 1 月发射中国第一颗通信卫星以来，已发射国内外卫星 28 次。主要担负广播、通信和气象等地球同步轨道（GTO）卫星发射的组织指挥、测试发射、主动段测量、安全控制、数据处理、信息传递、气象保障、残骸回收、试验技术研究等任务。发射场位置为东经 102°、北纬 28.2°。

3. 太原卫星发射中心

太原卫星发射中心是中国试验卫星、应用卫星和运载火箭发射试验基地之一。它位于山西省太原市西北的高原地区，具备了多射向、多轨道、远射程和高精度测量的能力，担负太阳同步轨道气象、资源、通信等多种型号的中、低轨道卫星和运载火箭的发射任务。发射中心始建于 1967 年。1968 年 12 月 18 日，中国自己设计制造的第一枚中程运载火箭发射成功。到 1988 年该中心共成功发射了 70 多枚包括中近程、中远程、远程等各种类型的运载火箭。1988 年 9 月 7 日和 1990 年 9 月 3 日，该中心用长征 4 号运载火箭成功地将中国第一颗和第二颗"风云"1 号气象卫星送入太阳同步轨道。此外，它还进行过一系列运载火箭试验。1997 年 12 月 8 日，该中心第一次执行国际商业发射，成功地将美国摩托罗拉公司制造的两颗铱星送入预定轨道。到 1999 年共为外国公司成功发射了 10 颗铱星。1999 年 5 月 10 日，该中心用长征 4 号乙运载火箭成功地将风云一号气象卫星和实践五号科学实验卫星送入轨道高度为 870 千米的太阳同步轨道。这是该中心连续第七次成功地以一箭双星方式进行的航天发射。

4. 文昌卫星发射中心

海南文昌卫星发射中心位于中国海南省文昌市附近约北纬 19°19′0″，东经

109°48′0″，是中国目前第一个发射亚轨道火箭（如弹道导弹）的测试基地。现在正在扩建，将成为中华人民共和国的第四个卫星发射中心。由于此地点的纬度较低，离赤道只有19°，地球自转造成的离心力可以让火箭负载更多的物品。该中心是为未来中国航天事业大发展而建，将可以用来发射正在研制的重型长征5号系列火箭。

第二宇宙速度

让我们试回答一下这样一个问题：要使火箭无穷远地飞离地球，永不再返回到地球上来，火箭应该具有怎样的初速度 v_0？由于火箭离开地球越远，它的速度就越小，让我们补充一个条件：设火箭在"无穷远"处的速度等于零。把我们前面的公式里 R 用无穷大代入（$R = \infty$），而到达点（"无穷远"处）的速度用零（$v_R = v_\infty = 0$）代入，我们得到：

$$v_0^2 = 2gr, \quad v_0 = \sqrt{2gr}。$$

上面导出的是所谓逃逸速度或脱断速度的公式，这些速度的方向如果跟竖直线成一定的角度，那么火箭飞出的轨道曲线叫做抛物线，因此，脱断速度又叫做抛物线速度。

把脱断速度的公式跟圆周速度公式做一比较，可以看出，抛物线速度恰好

第二宇宙速度

是圆周速度的 $\sqrt{2}$ 倍。因此，抛物线速度在地球表面等于 $7.9 \times \sqrt{2}$ 千米/秒 = 11.2 千米/秒。这就是所谓的第二宇宙速度，只要具有了这个速度，火箭就会永远离开地球。但是它实际上还不能飞到无穷远处，因为当它飞离地球一定距离的时候（大约百万千米左右），就要进入到太阳引力范围，变成太阳的"卫星"——人造行星了。

▶ 知识点

行　星

行星通常指自身不发光的球体，环绕着恒星运转的天体。一般来说行星需具有一定质量，行星的质量要足够的大（相对于月球）且近似于圆球状，自身不能像恒星那样发生核聚变反应。国际天文学联合会大会 2006 年 8 月 24 日通过了"行星"的新定义，这一定义包括以下 3 点：

1. 必须是围绕恒星运转的天体；

2. 质量必须足够大，来克服固体应力以达到流体静力平衡的形状（近于球体）；

3. 必须清除轨道附近区域，公转轨道范围内不能有比它更大的天体。

延伸阅读

各种各样的卫星

卫星是指在围绕一颗行星轨道并按闭合轨道做周期性运行的天然天体或人造天体。

月球就是最明显的天然卫星的例子。在太阳系里，除水星和金星外，其他行星都有天然卫星。太阳系已知的天然卫星总数（包括构成行星环的较大的碎块）至少有160颗。天然卫星是指环绕行星运转的星球，而行星又环绕着恒星运转。就比如在太阳系中，太阳是恒星，我们地球及其他行星环绕太阳运转，月亮、土卫一、天卫一等星球则分别环绕着我们地球及其他行星运转，这些星球就叫做行星的天然卫星。土星的天然卫星第二多，目前已知61星。木星的天然卫星最多，其中63颗已得到确认，至少还有6颗尚待证实。天然卫星的大小不一，彼此差别很大。其中一些直径只有几千米大，例如，火星的两个小卫星，还有木星、土星、天王星外围的一些小卫星。还有几个却比水星还大，例如，土卫六、木卫三和木卫四，它们的直径都超过5 200千米。

而随着现代科技的不断发展，人类研制出了各种人造卫星，这些人造卫星和天然卫星一样，也绕着行星（大部分是地球）运转。人造卫星的概念可能始于1870年。第一颗被正式送入轨道的人造卫星是苏联1957年发射的人卫1号。从那时起，已有数千颗环绕地球飞行。人造卫星还被发射到环绕金星、火星和月球的轨道上。人造卫星用于科学研究，而且在近代通讯、天气预报、地球资源探测和军事侦察等方面已成为一种不可或缺的工具。

自1957年苏联将世界第一颗人造卫星送入环地轨道以来，人类已经向浩瀚的宇宙中发射了大量的飞行器。据美国一个名为"关注科学家联盟"的组织近日公布的最新全世界卫星数据库显示，目前正在环绕地球飞行的共有795颗各类卫星，而其中一半以上属于世界上唯一的超级大国美国，它所拥有的卫星数量已经超过了其他所有国家拥有数量的总和，达413颗，军用卫星更是达到了1/4以上。

第三宇宙速度

是不是能使火箭不但能够克服地球引力，还能克服太阳引力呢？要做到这一点，火箭显然必须达到更大的速度，超过第二宇宙速度。那时候，如果没有太阳，火箭无穷远地远离地球所走的轨道，就将不再是抛物线，而是另一种轨道——双曲线了。这时候，火箭速度也将不断降低，但是，即使在"无穷远"

处（$R = \infty$）也不会到零，而是按照下式变化的（参看我们前面说的宇宙火箭的速度公式）：

$$v_R{}^2 = v_\infty^2 = v_0^2 - 2gr$$

但是 $2gr$ 实质上就是抛物线速度的平方，因此

$$v_\infty^2 = v_0^2 - v_{抛}^2$$

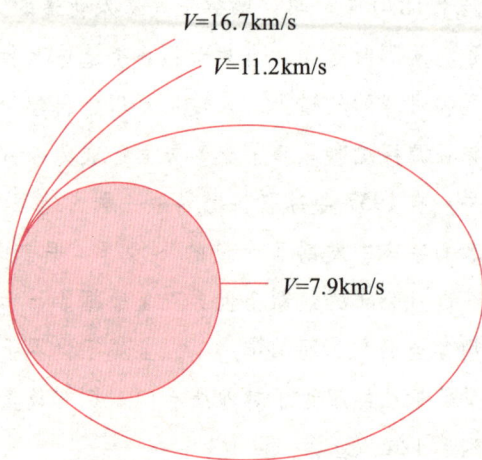

这样，我们就可大体上认为，在距离地球百万千米这样远的地方，火箭相对于地球的速度等于火箭在"无穷远处的剩余速度"。这样看是不会造成很大错误的。

要使飞离地球百万千米的火箭能够突破太阳引力范围，火箭跟太阳的相对速度应该还要高得多。显然，这个速度至少应该等于跟太阳相对地说的抛物线速度。

这个在地球轨道的区域里跟太阳相对地说的抛物线速度，并不难算出。把地球绕太阳公转的轨道速度当做地球和太阳之间的平均距离上的圆周速度（地球的椭圆轨道跟圆周相差不大），这个速度等于 29.8 千米/秒。这样，只要把这个圆周速度乘上 $\sqrt{2}$，就可以求出跟太阳相对地说的抛物线速度。这个速度等于 $29.8 \times \sqrt{2} = 42.1$ 千米/秒。

为了得到这样的跟太阳相对的速度，最好把火箭发射得能够完全利用地球绕太阳公转的速度。这样，火箭离开地球引力范围（离开地球约百万千米）的时候，它对地球的速度应该等于 $42.1 - 29.8 = 12.3$ 千米/秒。

我们可以把这个速度当做"无穷远处的剩余速度"（V_∞），并运用我们上面导出的公式

$$v_\infty^2 = v_0^2 - v_{抛}^2$$

$V = 16.7\,\text{km/s}$

$V = 11.2\,\text{km/s}$

$V = 7.9\,\text{km/s}$

$11.2\,\text{km/s} > V > 7.9\,\text{km/s}$

宇宙速度

设 $v_抛 = 11.2$ 千米/秒，得到：

$v_0 = \sqrt{v_\infty \times \infty + v \times v_抛} = \sqrt{12.3 \times 12.3 + 11.2 \times 11.2} = 16.7$ 千米/秒。

上面求出的值，就是所谓第三宇宙速度。火箭只要达到这个速度，就能够克服地球和太阳的引力范围，永远脱离太阳系。看来，这个速度竟不比第二宇宙速度大得太多。

知识点

太阳系

太阳系就是我们现在所在的恒星系统。它是以太阳为中心，和所有受到太阳引力约束的天体的集合体：8 颗行星（冥王星已被开除），至少 165 颗已知的卫星，和数以亿计的太阳系小天体。这些小天体包括小行星、柯伊伯带的天体、彗星和星际尘埃。广义上，太阳系的领域包括太阳、4 颗像地球的内行星、由许多小岩石组成的小行星带、4 颗充满气体的巨大外行星、充满冰冻小岩石、被称为柯伊伯带的第二个小天体区。在柯伊伯带之外还有黄道离散盘面、太阳圈和依然属于假设的奥尔特云。

延伸阅读

弹弓效应

当宇宙飞船从卫星的"背部"越过时，会获得比围绕主天体运行时更快的飞行速度，也获得更大的轨道能量。这种情形，就像是用弹弓把宇宙飞船抛向一个更大的运行轨道一样。

我们也可以让宇宙飞船从卫星的"前面"飞过，这样就能减慢它的飞行速度（也降低它的轨道能量）。我们甚至可以让宇宙飞船在卫星的"头顶"或"脚底"飞行，以改变它前进的方向——也就是说，只改变宇宙飞船轨道的轴向和角动量大小。当然，所有的这些调整会造成卫星轨道能量和角动量的逆转换。不过因为卫星的质量很大，因此跟其他影响卫星轨道的作用力相比，弹弓效应造成的变化就显得微不足道了。

移动地球

　　在对力学没有充分研究的人们中间，流传着一种看法，认为小的力量不可能移动质量极大的自由物体。这又是一个"常识"的错误。力学给我们证明了完全另外一回事：一切力量，即使是最微不足道的力量，应该使每一件物体，即使是极重的物体产生运动，只要这是个自由物体的话。事实上，我们已经不止一次地利用了包含这个意思的公式：

$$F = ma,$$

从而

$$a = F/m。$$

　　后一个式子告诉我们，加速度只能在力 F 是零的时候才等于 0。因此一切力量应该能使任一自由物体运动。

移动地球

　　但是，在我们四周的情况下，我们并不是永远可以看到这个定律的证明的。原因是存在着摩擦，一般说就是对运动的阻力。换句话说，原因是，我们很少是跟自由物体打交道的；我们所看到的物体的运动，几乎全部不是自由的。要想在摩擦条件下使物体运动，就得加上比摩擦力大的力量。要想用手把一只橡木柜在干燥的橡木地板上推动，至少要花费柜重 1/3 的力量，这是因为橡木跟橡木之间的摩擦力（干燥的）大约相当于物体重量的 34% 。但是，假如根本没有摩擦，那就只要一个小孩子用手指轻轻一推，沉重的柜就会被推动了。

大自然里完全自由的物体，就是不受到摩擦和介质阻力的作用而运动的物体，数目不多，属于这一类物体的有一些天体：太阳、月球、行星，包括我们的地球。这是不是说，人就能够用他的肌肉力量推动地球呢？自然是这样的：你自己运动，同时也就带动了地球运动！

例如，当我们两脚从地球表面跳起的时候，我们使自己的身体得到了速度，同时也使地球向相反方向运动。可是这里马上发生一个问题：地球的这个运动，速度是多少？根据作用和反作用相等的定律，我们加在地球上的力量，等于把我们的身体向上抛起的力量。因此，这两个力的冲量也相等，既然这样，我们的身体和地球所得到的动量大小也就相等。如果用 M 代表地球的质量，用 V 代表地球得到的速度，m 代表人体的质量，v 代表人体的速度，那么就可以写成：

$$MV = mv,$$

从而 $V = (m/M) v$。

由于地球的质量比人体的质量大得不知道多少，我们给地球的速度一定比人从地球跳起的速度小得不知道多少。我们说"大得不知道多少"，"小得不知道多少"，当然不是照这两句话的字面上意义来理解的。地球的质量是测量得出的，因此它在某一个情况下的速度也是可以求出的。

地 球

地球的质量大约是 6×10^{27} 克，人的质量 m 假定是 60 千克，就是 6×10^4 克，那么 m/M 的比值是 $1/10^{23}$。这就是说，地球的速度只等于人跳起的速度的 $1/10^{23}$。假设这人跳的高度 $h = 1$ 米，那么他的初速度可以从下式求出：

$$v = \sqrt{2gh}$$

就是 $v = \sqrt{2 \times 981 \times 100} \approx 440$ 厘米/秒，

而地球的速度是：

$$V = 440/10^{23} = 4.4/10^{21} \text{ 厘米/秒}$$

这个数目之小，简直没法想象，但是它毕竟不是 0。如果想要得到关于这个量的哪怕是间接的概念，让我们假设地球得到这个速度以后，一直保持着这个速度到极长的一段时间，例如保持 10 万万年（根据一些资料可以推测，地球的寿命至少不比这个数目小）。在这段时间里地球会移动多少距离呢？这个距离可以用下式算出：

$$s = vt$$

取 $t = 10^9 \times 365 \times 24 \times 60 \times 60 \approx 31 \times 10^{15}$ 秒，

得到：

$$s = 4.4/10^{21} \times 31 \times 10^{15} = 14/10^5 \text{ 厘米}$$

把这个距离用微米（1/1 000 毫米）来表示，得到：

$$s = 14/10 = 1.4 \text{ 微米}$$

结果是，我们求出来的速度竟是这么小，假如地球用这个速度在 10 万万年里面匀速地运动，地球所移动的距离也还不到 1.5 微米，这个距离仍是肉眼所不能辨别的。

实际上，地球由于人脚碰撞所得到的速度，并没有保存下来。人的两脚刚一离开地球，他的运动就在地球引力的作用下开始减低。而假如地球用 60 千克的力吸引人体，人体也就用同样的力吸引地球，因此，随着人体速度的减低，地球所得到的速度也就随着减低，这两个速度同时变到 0。

这样看来，人能够在很短的时间里给地球一个速度，尽管这个速度非常之小；但是人不能够引起地球的移动。人是可以用自己肌肉的力量使地球移动的，但是要有一个条件，就是找到一个跟地球没有联系的支点，但是，无论这位艺术家的想象力多么丰富，他当然还不能说明，那人的两脚究竟是依附在什么地方的。

知识点

冲　量

在经典力学里，物体所受合外力的冲量等于它的动量的变化，叫做动量定理。与动量是状态量不同，冲量是一个过程量。一个恒力的冲量指的是这个力与其作用时间的乘积。冲量表述了对质点作用一段时间的积累效应的物理量，是改变质点机械运动状态的原因。冲量的研究对象，在一般情况下是单个质点，有时也可以是多个质点组成的物体系。由于冲量及动量的矢量性，在使用时要注意方向的改变，并按方向分别分析。

延伸阅读

神秘莫测的黑洞

黑洞是一种引力极强的天体，就连光也不能逃脱。当恒星的半径小到一定程度时，就连垂直表面发射的光都无法逃逸了。这时恒星就变成了黑洞。说它"黑"，是指它就像宇宙中的无底洞，任何物质一旦掉进去，"似乎"就再不能逃出。与别的天体相比，黑洞十分特殊。人们无法直接观察到它，科学家也只能对它内部结构提出各种猜想。而使得黑洞把自己隐藏起来的原因即是弯曲的时空。根据广义相对论，时空会在引力场作用下弯曲。这时候，光虽然仍然沿任意两点间的最短光程传播，但相对而言它已弯曲。在经过大密度的天体时，时空会弯曲，光也就偏离了原来的方向。

在地球上，由于引力场作用很小，时空的扭曲是微乎其微的。而在黑洞周围，时空的这种变形非常大。这样，即使是被黑洞挡着的恒星发出的光，虽然有一部分会落入黑洞中消失，可另一部分光线会通过弯曲的空间中绕过黑洞而到达地球。观察到黑洞背面的星空，就像黑洞不存在一样，这就是黑洞的隐身术。

更有趣的是，有些恒星不仅是朝着地球发出的光能直接到达地球，它朝其他方向发射的光也可能被附近的黑洞的强引力折射而能到达地球。这样我们不仅能看见这颗恒星的"脸"，还同时看到它的"侧面"，甚至"后背"，这是宇宙中的"引力透镜"效应。

月球上的大炮

[题] 炮兵用的大炮，在地球上可以使炮弹用 900 米/秒的速度射出。现在我们想象把这门炮移到月球上，而一切物体在月球上的重量只等于地球上的 1/6。问这门炮在那里能够用多少速度把炮弹射出（由于月球上没有空气而造成的区别，暂时不考虑）？

[解] 对于这个问题，许多人时常这样回答：既然火药的爆炸力量在地球上和月球上是相同的，而月球上这个力量是作用在 1/6 重的炮弹上的，那炮弹得到的速度自然要比地球上的大，应该是地球上的 6 倍：$900 \times 6 = 5\,400$ 米/秒。就是说，炮弹在月球上能用 5.4 千米/秒的速度射出。

这种看来仿佛正确的答案，其实却完全错了。

在力、加速度和重量之间，根本不存在上面这个论断所根据的那种关系。表明牛顿第二定律的力学公式，跟力和加速度有关的不是重量，而是质量：$F = ma$。而炮弹的质量在月球上一点也没有改变：它在月球上仍然和在地

月　球

球上一样；因此，火药爆炸力量所产生的加速度，在月球上应该跟在地球上相同；既然加速度和距离都相同，速度自然也相同了（这一点可以从 $v = \sqrt{2as}$ 一式看出，式中 s 表示炮弹在炮膛里的运动距离）。

这样看来，大炮在月球上射出炮弹的初速度完全和在地球上一样。至于说在月球上这颗炮弹能够射到多远或多高，那是另外一个问题了。在这个问题上，月球上重力的减少起着重大的作用。

举例来说，在月球上用 900 米/秒速度竖直向上射出的炮弹，达到的高度可以从下式求出：

$$as = v^2/2,$$

这个式子是我们从前面的表里找出来的。由于月球上的重力加速度比地球上小，只有地球上的 1/6，就是 $a = g/6$，上式可以写成：

$$gs/6 = v^2/2,$$

从而炮弹上升距离是

$$s = 6 \times (v_2{}^2/2g)$$

如果是在地球上（在没有大气的条件下）：

$$s = v^2/2g$$

可见月球上大炮射出炮弹的高度应该是地球上的 6 倍（这里空气的阻力没有计算在内），虽说在这两个情况炮弹的初速度是一样的。

▸▸ 知识点 ⟩⟩⟩⟩⟩

重力加速度

地球表面附近的物体，在仅受重力作用时具有的加速度叫做重力加速度，也叫自由落体加速度，用 g 表示。重力加速度 g 的方向总是竖直向下的。在同一地区的同一高度，任何物体的重力加速度都是相同的。重力加速度的数值随海拔高度增大而减小。当物体距地面高度远远小于地球半径时，g 变化不大。而离地面高度较大时，重力加速度 g 数值显著减小，此时不能认为 g 为常数。

　　距离地面同一高度的重力加速度，也会随着纬度的升高而变大。由于重力是万有引力的一个分力，万有引力的另一个分力提供了物体绕地轴做圆周运动所需要的向心力。物体所处的地理位置纬度越高，圆周运动轨道半径越小，需要的向心力也越小，重力将随之增大，重力加速度也变大。地理南北两极处的圆周运动轨道半径为 0，需要的向心力也为 0，重力等于万有引力，此时的重力加速度也达到最大。

延伸阅读

完全失重

　　完全失重是一种理想的情况，在实际的航天飞行中，航天器除受引力作用外，不时还会受到一些非引力的外力作用。例如，在地球附近有残余大气的阻力，太阳光的压力，进入有大气的行星时也有大气对它的作用力。根据牛顿第二定律，力对物体作用的结果，是使物体获得加速度。航天器在引力场中飞行时，受到的非引力的力一般都很小，产生的加速度也很小。这种非引力加速度通常只有地面重力加速度的万分之一或更小。为了与正常的重力对比，就把这种微加速度现象叫做"微重力"。其实，航天器即使只受到引力作用，它的内部实际上也存在微重力，这是因为航天器不是一个质点，而是具有一定尺寸的物体。人们常用 $10^{-6} \sim 10^{-4}g$ 来表示航天器中微重力的水平。微重力越小，失重越完全。总之，失重状态只是理想状态，微重力才是实际情况。

　　乘电梯时也会出现完全失重现象，当电梯只受万有引力作用的时候，如果试图在电梯质心坐标系中，对电梯或电梯中的物体（以及对电梯外边附近的物体，比如电梯正下方的几米厚的泥土），应用牛顿第二定律，那么电梯和其中的物体似乎失去了地球和其他天体施加的万有引力（实际上为惯性力所平衡），这种现象也称为完全失重。两块砖头叠在一起，做平抛运动或自由下落的时候，如果试图在砖头质心坐标系中，对每块砖头应用牛顿第二定律，那么砖头似乎失去了万有引力（实际上惯性力正好跟万有引力平衡），这种现象也称为完全失重。在砖头质心坐标系中，每块砖头都处于静止状态，受力平衡或不受力；砖头完全失重，相应地，两块砖头之间没有压力作用。按照以上定义，完全失重概念适用于，只受万有引力而运动的物体的质心坐标系中，对质心附近的物体进行动力学分析。

同步的人造地球卫星

从人造卫星圆周速度的公式，可以看出圆周速度的大小，因此，卫星绕地球一周所用的时间，是随着飞行的高度改变的。显然，在某一个一定的飞行高度上，卫星可以恰好一昼夜绕转一周。此外，如果这个卫星是在赤道平面上运行，而且是从西向东运动，那么它的角速度将相等于地球绕轴自转的角速度，这样一来，这个卫星就将像固定不动地悬挂在

卫星轨道

赤道的某一点上一样。这种卫星叫做同步的人造卫星。下面让我们试求同步的人造卫星的运动速度。

人造卫星在圆周轨道上绕转一周所需的时间 T，等于轨道圆周长 $2\pi(r+H)$ 跟圆周速度 $v_{\text{圆}} = r\sqrt{g/(R+H)}$ 的比：

$$T = 2\pi(r+H)/[r\sqrt{g/(R+H)}]。$$

从这个等式，可以把高度 H 用其余各值 T、r、g 表出：

$$(Tr\sqrt{g})/2\pi = (R+H)\sqrt{r+H}。$$

去掉平方根，可得：

$$(r + H)^3 = (T^2 r^2 g)/(4\pi^2)$$

对于固定的人造卫星，绕地球一周的时间应该是一个恒星日，就是 23 小时 56 分 4 秒或 86 164 秒。把 $T = 86\ 164$ 秒、$r = 6\ 378\ 000$ 米（地球的赤道半径）、$g = 9.81$ 米/秒^2（地球引力加速度）代入上式，得：

$$H = \sqrt[3]{[(86\ 164 \times 86\ 164) \times (6\ 378 \times 6\ 378) \times 9.81 \times 0.01]/4\pi^2} - 6\ 378$$

$$\approx 35\ 800\ 千米$$

知道了飞行高度 $H = 35\ 800$ 千米，算出 $r + H \approx 42\ 200$ 千米，就不难求出人造卫星的圆周速度：

$$v_圆 = r\sqrt{g/(R + H)}$$

$$= 6\ 378 \times \sqrt{(9.81 \times 0.01)/42\ 200} \approx 3.1\ 千米/秒。$$

这样看来，在赤道上空从西向东运行的人造卫星，只要在 35 800 千米高处用 $v_圆 = 3.1$ 千米/秒的圆周速度前进，就将永远停留在赤道同一点的上空。这种卫星可以从地球上很大一片地区上同时看到，而且从每个地点看去，看到的卫星总是在天空的同一位置上。当然，从另一方面说，在同步人造卫星上的观察的人，也会经常看到这一大片地区。同步人造卫星跟地面相对的位置不动，加上"视野半径"很大，因此可以利用这种卫星做电视转播站。

知识点 ▶▶▶▶▶

恒星日

地球自转一周实际所需的时间，或春分点两次经过同一子午圈所需的时间，也就是某一个恒星两次经过同一子午线所需的时间。一个恒星日等于 23 小时 56 分 4 秒。

在天文学上，定义恒星日的不是具体的恒星，而是黄道对于天赤道的升交点，即白羊宫第一点，就是北半球的春分点。但是春分点在不断的西移（岁差），所以天文学上的恒星日与太阳日还是有区别的。

延伸阅读

野渡无人舟自横

"独怜幽草涧边生，上有黄鹂深树鸣。春潮带雨晚来急，野渡无人舟自横。"当您反复吟诵这美丽的诗句时，如画的意境重现在您的眼前，真是美不胜收。可是您可曾想到蕴涵在这洗炼的诗句中还凝聚着诗人对力学现象的洞察力。为什么小船总是横在河里呢？这里有一个流体力学问题，直立在桌子上的细杆，是一个不稳定的平衡位置，而悬挂的直杆平衡是稳定的，前者，受一扰动后，重力形成的力矩将使细杆远离平衡位置，后者力矩倾向于恢复平衡位置。由于流体运动时对物体产生合力和合力矩是比较复杂的，要想得到运动流体中物体平衡稳定的精确计算，经过许多力学家的努力，直到19世纪末，20世纪初才成熟。所以唐代诗人韦应物对船体稳定性能问题的观察，比起西方精确描述的出现要早1 000多年。

错误的发明道路

发明家要想在技术上发明些什么，假如他不想陷在徒劳无功的空想里面，就应当经常使自己的思想受到力学的严密定律的指导。不应该认为，发明思想所不能违背的唯一共同的原则只是能量守恒定律。实际上还有另外一个原理，如果忽视的话，也常会使发明家走进牛角尖，使他徒劳无功地消耗自己的精力。这就是重心运动定律。

这个定律断定，物体（或物体系统）重心的运动，不可能只在内力的作用下改变。假如飞驰着的炮弹爆炸了，那么，在爆开的碎片到达地面之前，它们的重心仍然要沿着炮弹重心所移动的那条道路移动（假如不计空气阻力的话）。有一个特别的情形就是，假如物体的重心最初是在静止状态的（就是说物体本来是静止不动的），那么任何内力都不可能使它的重心移动。

上面我们谈到，人在地球上不可能用自己的肌肉力量使地球移动，这也可以援用重心运动定律来解释。

人作用在地球上的力和地球作用在人体上的力，都是内力，因此，它们不能够引起地球和人体的共同重心的移动。当人回到他在地球表面的原来位置的时候，地球也回到了它的原来的位置。

下面是一个有教育意义的例子——一种完全新型的飞行器的设计，这个例子说明如果忽视前面说的那个定律，会使发明家走入什么样的迷途。"请设想，"发明家说，"有一根闭合的管子，它由两部分组成：水平的直线部分 AB 和它上面的弧线部分 ACB。管子里盛有一种液体，不停地向一个方向流动（由装在管子里的螺旋桨推动）。液体在管子的弧线部分 ACB 里流动的时候，会产生离心力，压向管子的外壁。于是就产生一定的力量 P，这个力量的方向向上，它不受到别的什么向相反方向作用的力，因为液体在直线管子 AB 里的流动并没有产生离心力。"发明家从这里做出结论：在水流速度足够大的时候，力量 P 应当把整个装置牵引向上腾起。

发明家的这个想法对吗？甚至不必深入研究这个装置，就可以预先肯定它不会动。实际上，由于这里的作用力都属于内力，它们是不可能使整个系统（就是管子连同所盛液体和使液体流动的机械）的重心移动的。因此，这部机器就不可能得到一般的前进运动。发明家的论证里有某种错误，某种重大的疏忽。

他的错误究竟在哪里也不难指出。设计的人没有注意到，离心力不但应该发生在液体流动路径的弧线部分 ACB，而且还产生在水流转弯地方的 A、B 两点。这儿曲线的路径虽然并不长，但是转弯却转得很陡急（曲率半径很小）。而我们知道，转弯越急（曲率半径越小），离心效应也越大。因此，在转弯的地方应该还有两个力量 Q 和 R 向外作用；这两个力的合力向下作用，把力量 P 平衡了。发明家却把这两个力遗漏了。其实，即使没有注意这两个力，假如他已经知道重心运动定律的话，也会明白自己的设计是不中用的。

意大利的达·芬奇在 400 多年前的一句话说得很对，他说：力学的定律"抑制了工程师和发明家，使他们不把不可能的东西允诺自己或别人。"

➤➤ 知识点 ⟩⟩⟩⟩⟩

能量守恒定律

能量既不会凭空产生，也不会凭空消失，它只能从一种形式转化为其他形式，或者从一个物体转移到另一个物体，在转化或转移的过程中，能量的总量不变。这就是能量守恒定律，如今被人们普遍认同。

能量守恒定律，是自然界最普遍、最重要的基本定律之一。从物理、化学到地质、生物，大到宇宙天体，小到原子核内部，只要有能量转化，就一定服从能量守恒的规律。从日常生活到科学研究、工程技术，这一规律都发挥着重要的作用。人类对各种能量，如煤、石油等燃料以及水能、风能、核能等的利用，都是通过能量转化来实现的。能量守恒定律是人们认识自然和利用自然的有力武器。

延伸阅读

飞行的孙悟空是怎样拍摄的

《西游记》是大家比较熟悉和喜欢的电视剧，其中孙悟空给人们留下了美好的印象，但是善于思考的观众一定会问，孙悟空的"腾云驾雾"是怎样拍摄出来的？下面就来谈谈这个问题。我们知道，平时我们所说的运动和静止都是相对的，是相对于我们假定不动的参照物而言的。如果我们坐在封闭的火车厢里，那么我们将无法知道火车究竟是静止的还是匀速行驶的，只有拉开窗帘，看到铁轨旁的树木、村庄等参照物时，根据它们的位置是否发生变化，才能判断出来。

利用运动相对性，我们就可以拍摄孙悟空的"腾云驾雾"镜头了。如"孙悟空腾云远去"的镜头先分别拍摄孙悟空的动作镜头和景物镜头，然后将两组画面放在"特技机"里叠合，叠合时迅速地移动背景上的白云和山河湖海作参照物，用摄像机把它们拍摄下来，看电视时，观众以白云和山河湖海作参照物，于是便产生了"腾云远去"的感觉。

增加体重的简单方法

我们时常祝福自己的患病亲友"体重增加"。假如这句话的意思只是这么一点，那么，用不到加强营养，也用不到特别注意健康，很快就可以使体重增加：只要坐到"转车"上就可以了。坐在"转车"上旋转的人根本就没有想到，他坐在转车上，体重真的增加了。下面的简单计算，可以告诉我们增加了多少。

旋转木马

设 MN 是转车车厢绕着旋转的轴，转车转动的时候，四周悬空的车厢和乘客一起，在惯性作用下有顺着切线方向运动的趋势，因此离开了转轴，成了倾斜状态。这时候，乘客的体重 P 分解成两个分力：一个力 R，水平向轴的方向，这是维持圆周运动的向心力；另一个力 Q，沿着悬索的方向，把乘客压向车厢底上；这个力给乘客的感觉就仿佛是体重一般。我们看出"新的体重"要比正常体重 P 大，等于 $P/\cos\alpha$。要求出 P 和 Q 之间的 α 角的值，应该先知道力 R 的大小。这个力是向心力；因此，它所产生的加速度是：

$$a = v^2/r$$

式中，v 是车厢重心的速度，r 是圆周运动的半径，就是车厢重心跟轴 MN 之间的距离。设这个距离是 6 米，转车转数是每分钟 4 转，那么，车厢每秒钟转出全圆的 1/15。从这里算出它的圆周速度是：

$$v = 1/15 \times 2 \times 3.14 \times 6 \approx 2.5 \text{ 米/秒}$$

现在来求由力 R 产生的加速度的值：

$$a = v^2/r = 250^2/600 \approx 104 \text{ 厘米/秒}^2$$

因为力是跟加速度成正比的，所以

$$\tan\alpha = 104/980 \approx 0.106; \quad \alpha \approx 6°$$

我们方才已经知道，"新的体重" $Q = P/\cos\alpha$。因此，

$$Q = P/\cos 6° = P/0.994 = 1.006P$$

假如一个人在正常条件下体重是 60 千克，那么现在的体重就增加了大约 360 克。

在这种一般的、转得比较慢的转车上，体重的增加并不显著，但是在半径小转速高的离心机械上，这种重量的增加有时候可能达到极大的数值。有一种名叫"超离心机"的装置，它的旋转部分每分钟可以转 80 000 转之多。如果使用这种装置，可以使重量增加 25 万倍！在这种仪器上试验的最小的水滴，如果它的正常重量只有 1 毫克，就会变成 1/4 千克的重物。

目前，大型的离心机被用来考验人对大幅度超重的耐力，这对实现今后的行星际航行具有极其重大的意义。只要通过一定方式选定半径和旋转速度，就能使被试验的人得到所需要的加重。实验证明，人无疑可以在几分钟之内承受

本身体重四五倍的超重，对身体没有危害，而这就可以使他能够安全地向宇宙空间飞去。

现在，你可能会变得谨慎一些，在对亲友祝福的时候，不再说体重增加，而改说身体的质量增加了。

知识点

地　磁

地磁又称"地球磁场""地磁场"。指地球周围空间分布的磁场。地球磁场近似于一个位于地球中心的磁偶极子的磁场。它的磁南极（S）大致指向地理北极附近，磁北极（N）大致指向地理南极附近。地表各处地磁场的方向和强度都因地而异。赤道附近磁场最小（约为 $0.3\sim0.4$ 奥斯特），两极最强（约为 0.7 奥斯特）。其磁力线分布特点是赤道附近磁场的方向是水平的，两极附近则与地表垂直。地球表面的磁场受到各种因素的影响而随时间发生变化。地磁的南北极与地理上的南北极相反。

延伸阅读

北京天文馆里的巨摆

在首都北京西直门外的郝家湾地方，跟北京动物园遥遥相对，有一座半圆球形屋顶的建筑。在那半圆球形屋顶上覆盖满了紫铜板。这个建筑物于1957年竣工以来，紫铜板逐渐锈蚀成古雅的黑绿色。这座与众不同的建筑物，就是与北京动物园一样吸引着千百万少年儿童游客的去处——北京天文馆。

一进入天文馆的大门，我们就可以看见一个惊人巨大的单摆，从门厅的穹顶上一直挂下来，在一个有低矮围墙的没有水的圆池里不停地摆动着。这就是有名的傅科摆。它是法国科学家傅科（1819—1868 年）于 1851 年首先在巴黎的万神庙表演的。这位当时 32 岁的年轻物理学家做这个实验的目的，是要证明地球自转。这种巨摆怎么能证明地球自转呢？

我们在学校物理实验课上见到的单摆都比较小。看起来这些小单摆老在一个平面内摆动，而不会旋转。而傅科摆却不然。我们观察时间长些，就可以发现它的摆动面在缓慢地旋转着，从圆池底部的刻度上可以明显地看出。在我们北半球，傅科摆来回摆动都会受到大地"怪力"的作用而向右偏转，这样它的摆动面就缓慢地循着顺时针方向旋转。在地理纬度越高的地方，摆动面旋转速度越快。北京天文馆坐落在北纬 39°56′ 的地方，可以算出它门厅里的傅科摆的摆动面，转一圈要花 37 小时 15 分。大地"怪力"对小单摆自然也有影响，只是小单摆太小，这种影响不容易看出来而已。

傅科摆的摆动面的旋转是直接由科氏力造成的，而科氏力又是由于地球自转而产生的。因此，傅科摆摆动面的旋转反过来证明了地球的自转。

流体力学
LIUTI LIXUE

　　流体力学，是研究流体（液体和气体）的力学运动规律及其应用的学科。主要研究在各种力的作用下，流体本身的状态，以及流体和固体壁面、流体和流体间、流体与其他运动形态之间的相互作用的力学分支。流体力学是力学的一个重要分支，它主要研究流体本身的静止状态和运动状态，以及流体和固体界壁间有相对运动时的相互作用和流动的规律。

　　除水和空气以外，流体还指作为汽轮机工作介质的水蒸气、润滑油、地下石油、含泥沙的江水、血液、超高压作用下的液态金属和燃烧后产生成分复杂的气体、高温条件下的等离子体等等。

　　气象、水利的研究，船舶、飞行器、叶轮机械和核电站的设计及其运行，可燃气体或炸药的爆炸，以及天体物理的若干问题等等，都广泛地用到流体力学知识。许多现代科学技术所关心的问题既受流体力学的指导，同时也促进了它不断地发展。1950 年后，电子计算机的发展又给予流体力学以极大的推动。

浮力与密度

我国古代传说：人们见了大风吹转着蓬草在地上飞滚前进，因而发明了车子；见了河水上漂浮着树叶顺流而去，因而发明了船。不管怎样，船的确是和车一样在原始社会就有了，也就是说好几千年以前的人就知道利用水的浮力了。

对于浮力的研究，也是很早就有的。《墨经》里就有这样的意思：物体所受的浮力，是因为物体内部有空隙，排开水的关系。这种说法当然不完全恰当，但浮力的大小确实和被排开的水量有一定关系。我们知道，密度大的物体潜入水的部分必大，密度小的物体潜入水的部分必小。当时的劳动人民就利用这条经验去测验物体各部分密度的大小。《考工记》里记载，工人为了试验一个木轮各部分木材密度是不是一样，就把这个轮放到水里，看看各部分下沉的深浅是否一样，就可以作出结论。这是相当科学的。

舟

正因为古人对浮力有相当深的了解，所以他们知道设法去获得更大的浮力来为人们服务。西汉时代的《淮南万毕术》里有一条说："鸿毛之囊，可以渡江。"这大概是说，在一个大袋里装上许多羽毛，放到水中浮力很大，可以载人过江。这在原理上很像现在的救生袋。汉以后，常常还有人利用空缸的浮力帮助人们过江，甚至军队渡江也用这个办法，在原理上都是浮力的应用。关于浮力的故事和浮力原理在古代的应用，史书上也留下了许多生动的故事。

宋朝有个宰相叫文彦博，他年幼时十分聪明机智。常和小朋友一起游戏。有一天文彦博和许多小朋友在树林旁边的一块开阔场地上游玩。有一个小朋友带来了一个大皮球，大伙玩得很开心。

正在兴浓的时候，有个小朋友将球朝一棵大树的方向一踢，只听到"扑通"一声，球不见了。原来场地边上有一棵又高又粗的百年老树，树干的下端有一个很深很大的洞，球进到洞里去了。小朋友们都很着急，尤其是球的小主人都快哭了："这是我爸爸刚刚给我买的，这可怎么办呀?"有的把衣袖卷起来，跪在地上，伸手去摸，有的拿来了棍子去捅，但都无济于事。

文彦博站在一旁想：要是让球自己跑出来就好了，他眼睛一瞥，发现不远处有一条小溪，于是他高声说："不要着急，快，我们拿家伙把水灌到洞里，球是轻的，等洞里灌满了水，球自然就浮起来了。"于是大家七手八脚地忙开了，没有多久，球就浮出来了。文彦博正是利用了浮力的原理，这个故事一直流传至今。

知识点

浮　力

浸在液体或气体里的物体受到液体或气体向上托的力叫做浮力。漂浮于流体（液体或气体）表面或浸没于流体之中的物体，受到各方向流体静压力的向上合力。其大小等于被物体排开流体的重力。在液体内，不同深度处的压强不同。物体上、下面浸没在液体中的深度不同，物体下部受到液体向上的压强较大，压力也较大，可以证明，浮力等于物体所受液体向上、向下的压力之差。例如石块的重力大于其同体积水的重量，则下沉到水底。浮木或船体的重力等于其浸入水中部分所排开的水重，所以浮于水面。氢气球的重量比它同体积空气的重力小，即浮力大于重力，所以会上升。这种浸在水中或空气中，受到水或空气将物体向上托的力叫"浮力"。

延伸阅读

郡亭枕上看潮头

"山寺月中寻杜子，那亭枕上看潮头。"是白居易在"忆江南"中的诗句，描述的是钱塘江大潮汹涌澎湃、躺在郡街建造的亭子上，就能看见郡卷云拥雪的壮丽景色。那么什么是潮汐？为什么钱塘江的潮汐如此雄伟壮观呢？从流体力学看，海洋潮汐是海水受引潮力作用而产生的海洋水体长周期波动的现象，它在铅直方向表现为潮位升降，在水平方向表现为涨落。古人将早晨海水上涨称为潮，黄昏上涨称为汐，合称为潮汐。月亮、太阳或其他天体对地球上单位质量物体的引力，与地心单位质量物体引力之差称为潮力，当月亮、太阳的引潮力方向相同时，使潮差出现极大值。发生在杭州湾钱塘江口的潮水成为暴涨现象，被称之为钱塘江涌潮。我国沿海的潮波主要是由太平洋传入的，浙江沿岸，杭州湾一带首当其冲，加上杭州湾连接钱塘江口呈漏一斗状，水域变浅变狭，单位体积而水势能增大，致使潮差在海宁高达 8.93 米，每年农历八月十八口，恰逢临近秒分大潮，加上正值雨季，平均海平面升高，如遇强劲东风或东南风，风助潮势，涌潮景象更加壮观。

墨子和阿基米德

人类进入文明时代以后，经过较长时间的探索，终于使沉浮问题的眉目变得比较清楚了。在两千几百年前的中国和希腊，都有学者拿出正确的答案。这就是浮力原理的发现。

从现有材料看来，世界上最早发现浮力原理的功劳，应当归于我国先秦时代著名的墨翟学派——墨家。

关于浮力原理的根本，墨家精辟地指出：整个浮体的重量与水对浮体的水下部分的浮力平衡，好像市场上甲商品5件与乙商品1件等价交换一样。这个比喻显然很恰当。一个物体放到水里，它是沉是浮，决定于它的密度。密度大于水的物体，它的重量大于同体积的水，水的浮力小于它的重量，它放到水里就一沉到底。这好像甲、乙两种商品5∶1才等价，6∶1不等价、难成交一样。而密度小于水的物体，它的重量小于同体积的水，它就浮在水面，成为浮体；水对它没入水中的部分的浮力就足以承受得了它的重量。对于浮体来说，密度是决定它的沉浮程度的主要因素：在几何形状相同的情况下，密度越大的浮体吃水越深。例如，密度0.6的枞木块放到水里，它的高度没入水下60%；而密度0.9的冰块——它的高度没入水下90%。

一般人往往认为体积大的浮体放到水里吃水深。其实不尽然。对于一定密度的浮体来说，一般不是它的体积越大吃水越深，而是它的高度越大吃水越深。将一个大体积的浮体做成扁平状，它的吃水深度仍然可以是小的。例如，同样是体积8 000立方厘米的枞木块，厚度10厘米的平放入水，吃水6厘米；厚度增加到20厘米的，吃水增加到12厘米。可见吃水深度与浮体厚度有关，而与浮体总体积无关。因此，墨家指出，体积大的浮体吃水可以是浅的，只消水的浮力将浮体的重量平衡了就行。

尽管"浮体高度（厚度）越大、吃水就越深"的说法是对的；可是，反过来说"浮体吃水越深、它的高度就越大"，却不一定对，因为浮体高度不是影响浮体吃水深度的唯一因素。一个浮体吃水浅，可能不是由于它的高度小，而是由于它密度小。因此，墨家又指出：当水对浮体的浮力与浮体的重量平衡了的时候，它吃水浅并不一定意味着它的高度小。

墨家关于浮力原理的这些论述，记载在公元前5世纪到公元前4世纪成书的《墨经》里。这些论述很有特点，它着重讲吃水深度，很可能是与造船密切相关的。

此后一二百年，古希腊叙拉古王国学者阿基米德，就把浮力原理讲得更加清楚了：浸在水中的物体受到向上的浮力，这个力的大小等于物体没入水中的部分所排开的水的重量。

据说这是阿基米德在为叙拉古国王亥厄洛检验王冠纯度的过程中发现的。亥厄洛让首饰匠用纯金为他打了一顶王冠。他怀疑那位金匠往黄金里掺假，就委托博学多才的本国学者阿基米德检验。阿基米德考虑采用测密度的方法。当时已知黄金的密度是19.3。要是测算出王冠的密度不是19.3，那就证明黄金里掺有其他的东西。在我们今天看来，问题很简单：只要称出王冠的重量，再除以同体积的水的重量，就可以求得王冠的密度；而将王冠放进盛满水的盆里，量出或称出往外溢的水，就可以得到与王冠同体积的水的重量。这只不过等于做一个并不复杂的中学物理实验。可是，那时物理学可以说才露出一线曙光，进行这种首创性的工作又谈何容易呀！阿基米德为了测出王冠的密度而日思夜想，绞尽脑汁。一天，他在澡堂洗澡的时候注意到，浴缸里的水随着身体的泡入而溢了出来，而躺在水里身体显得轻飘飘

阿基米德发现浮力原理

地减了分量。在有心人的眼里，真是最平凡的事情也包含着闪闪发光的真理。他由此得到启发而恍然大悟，找到了测算王冠密度的可行途径。他高兴得顾不上穿好衣服就往住所跑，马上着手测算起来：先称出王冠在空气中的重量；再称出王冠没入水中的重量；这两个数值相减，就得到水对整个王冠的浮力，也就是整个王冠排开的水的重量；最后由下式求王冠密度：

王冠的密度＝王冠在空气中重量/（王冠在空气中重量－王冠全没入水中的重量）

阿基米德测算出王冠的密度，同时也就发现了浮力原理。因此，浮力原理

又称阿基米德定律，至今写在中学物理教科书中。其实，我国的墨翟学派早于阿基米德一二百年就发现了这条原理，它至少得称为"墨翟—阿基米德定律"，才算公平合理呢！

知识点

吃　水

吃水是指船舶浸在水里的深度。该深度根据船舶设计的不同而不同。吃水的大小不仅取决于船舶和船载所有物品，如货物、压载物、燃料和备件的重量，而且还取决于船舶所处水的密度。通过读取标在船艏和船艉的水尺，就可以确定船舶的吃水。

船舶的吃水分为设计吃水和结构吃水，结构吃水比设计吃水大。

船舶之所以设立设计吃水和结构吃水，是因为船舶设计的时候需要进行两大块的计算，分别是稳性计算和结构计算，前者保障船舶运营过程中的隐性安全，后者保障船舶运营过程中的结构安全。

延伸阅读

兵无常势，水无常形

"兵无常势，水无常形"是孙子兵法《虚实篇》中的一句话，意思是用兵作战如同水的流动。水因地势高低而不断改变流向，用兵作战要根据敌情变化而决定其取胜的方针。

在常温常压下，物质分为固体、液体和气体三种状态，对于固体，分子间相互作用力较强，无规则运动较弱，不易变形；气体分子间作用力较弱，无规则运动剧烈，易于变形和压缩；液体易变形，不易压缩。气体和液体统称为流体。从力学分析角度通常认为，流体与固体的主要区别在于它们对于外力的抵抗能力是不同的。固体有能力抵抗一定大小的拉力、压力和剪切力。当外力作用在固体上时，固体将产生一定程度的相应变形。外力不变，变形也不变。而液体在静止时不能承受切向应力，只要有微小剪切作用，都将使流体产生连续不变的变形，外力停止作用，变形才会停止。流体这种在外力作用下连续不断变形的宏观特征，通常称为流动性。

曹冲称象

浮力原理发现前，人们就对浮力有一定理解，并应用到生产上去了。先秦技术著作《考工记》就有记载。当时的造车工匠利用浮力来检验车轮的重量分布是不是匀称：车轮造出来以后，平放入水，如果它各部位浮起同样高，那么车轮就算是造得匀称的。

看来秦汉时代浮力原理的应用很有进展。三国、西晋间的学者陈寿（233—297）编写的《三国志》，就记载了曹冲（196—208）利用浮力原理称量大象的有趣故事。曹冲是东汉末期的实际统治者曹操（155—220）较小的一个儿子，才智超人。据说他才四五岁的时候，智慧就达到一般成人水平。东吴统治

曹冲称象

者孙权（182—252）曾向曹操赠送了一头大象。我国南方当时大象还不少，是属于亚洲象，体重可以达到 5 吨。曹操心血来潮，忽然想知道那头大象的体重。这可叫手下人着难了，因为当时的秤只有天平和不等臂秤，都不能一次秤量上万斤东西。这时曹冲只有 7 岁，却想出了一个妙法。他说："只要将大象赶到船里，记下吃水深度；再将大象赶出来，往船里装上每件都能称量的货物，一直装到原来标记的吃水深度为止；最后逐件称量这些货物，将它们的重量加到一起，就得到大象的体重。"曹操听了儿子的这番话，简直乐坏了，马上如法炮制，称出了大象的体重。

有人说，印度也有类似的故事，而且产生的时代早于中国，并通过佛教传入中国，曹冲称象是印度故事的翻版。我们认为这种论断是证据不足的。我国的墨家早于古希腊阿基米德发现浮力原理，讨论过影响吃水深度的因素；当时的工匠还将这作为车轮质量分布是否匀称的常规检验的根据。我国是最有条件产生像曹冲称象那样的巧妙方法的国家之一。在找到更有力的反证以前，《三国志》中的这条记载不能轻易否定。因为陈寿与曹冲生活的年代相隔得并不是很远。事实上，人类认识事物有惊人的共性。不同的民族，在他们的文明发展到相似程度的时候，往往会产生相同的成就。古代中国、印度、希腊类似的成就不少，可是它们一般是各自独立取得的。在纪元前几百年，由于地理上的阻隔，中国与印度、希腊之间的科学技术交流是很不容易的。

知识点

《考工记》

《考工记》是中国目前所见年代最早的手工业技术文献，该书在中国科技史、工艺美术史和文化史上都占有重要地位。在当时世界上也是独一无二的。全书共 7 100 余字，记述了木工、金工、皮革、染色、刮磨、陶瓷等 6 大类 30 个工种的内容，反映出当时中国所达到的科技及工艺水平。此外

《考工记》还有数学、地理学、力学、声学、建筑学等多方面的知识和经验总结。

关于《考工记》的作者和成书年代，长期以来学术界有不同看法。目前多数学者认为，《考工记》是齐国官书（齐国政府制定的指导、监督和考核官府手工业、工匠劳动制度的书），作者为齐稷下学宫的学者；该书主体内容编纂于春秋末至战国初，部分内容补于战国中晚期。

延伸阅读

从璞口瞪儿读非线性

璞口瞪儿，是一种用玻璃吹制而成的玩具，吹制的办法是，先将玻璃拉成一根管子，然后将它的端部吹成一个球，最后趁玻璃还软，在一个微小的平面上一按，使底平面略向内凹，待冷却后即成。玩的时候对着管端轻轻吹气，当内部气压略大时，底儿便变形而实现外凸，随之哎地一响；然后再吸气，随着内部压力减小，底儿又哎地一响变为内凹，这样一吹一吸，使响不停，很好玩。璞口瞪儿发明很早，最早研究它时，1939 年美国力学家玛卡门和他的中国学生钱学森，他们将这类问题简化为一个球壳在外压作用下失稳问题。后来人们把变形突然跳动称为弹性突跳。弹性突跳现象在工程中与生活中有不少应用。如计算机或计算器的按键，高压配电的电闸等，就利用弹性突跳元件。璞口瞪儿也是弹性材料，但它的力学变形曲线却不是线性的，不服从虎克定律，其原因就是，虎克定律研究的是小变形。

怀丙捞铁牛

在我国古代巧用浮力原理的事例还多得很。与曹冲称象相似的，还有山西省永济县的铁牛搬家。在北宋时代（960—1127），永济县蒲州镇是河中府治所。那时永济境内黄河上架有一座浮桥。浮桥又叫舟桥，是用粗铁索将许多小船并排地联结而成的。浮桥两端的铁索固定在一些铁牛上。两岸各有铁牛4头，每头都有几万斤重。宋英宗治平年间（1064—1067），黄河洪水泛滥，浮桥的铁索绷断，两岸的铁牛也被拽到河里去。洪水过后修复浮桥时，要从河里打捞那些大铁牛。打捞每头几万斤重的铁牛，是当时的常规起重设备所无能为力的。官府束手无策，只得张榜招贤。有位籍贯河北正定的怀丙和尚，是极其高明的建筑师。他提出一个十分巧妙的建议：在两艘大船里装满泥沙开往铁牛沉没地点；再在两船间架起巨木，巨木上拴一根粗铁索；派潜水员下水，将铁索另一端拴到铁牛身上；然后把船里的泥沙统统卸到河里，船体上浮，就利用这浮力将铁牛吊离河底；最后用这两艘船将铁牛拖回岸边来。主管官员一听，认为很有道理，就采纳了。施行结果，大功告成。

怀丙捞铁牛

现代打捞沉船也是利用浮力。办法是派潜水员下潜到沉船地点，清理现场，给沉船拴上好些个软浮筒；这些浮筒原来是瘪塌塌的，充气后胀大，产生浮力，将沉船拉上水面；最后用拖船将沉船拉回来。这与怀丙和尚打捞铁牛，真是异曲同工呢！

知识点

浮　桥

　　浮桥古时称为舟梁，它用船舟来代替桥墩，故有"浮航"、"浮桁"、"舟桥"之称，属于临时性桥梁。由于浮桥架设简便，成桥迅速，在军事上常被应用，因此又称"战桥"。

浮桥可说是大型桥梁的先辈。它是用船渡河的一个发展，又是向建造固定式桥梁的一个过渡，成为介于船和桥之间的一种渡河工具。浮桥的结构形式有两种：①传统形式。在船或浮箱上架梁，梁上铺桥面。②舟、梁结合形式。舟（箱）体、梁、桥面板结合成一体，船只首尾相连成纵列式，或舟（箱）体紧密排列成带式。上、下游设置缆索锚碇，以保持桥轴线的稳定。桥两端设栈桥或跳板，以与岸边接通。为适应水位涨落，两岸还应设置升降栈桥或升降码头。

延伸阅读

倒啤酒的学问

日常生活中，从瓶子里往杯中倒酒，若把瓶子拿得很高，让啤酒柱冲向杯底，结果总是倒出一杯泡沫，杯子里的啤酒很少；而如果将杯子尽可能地倾斜，将瓶口紧靠杯沿，让啤酒缓慢地沿杯壁流向杯底，就可以倒满一杯啤酒而不产生多少泡沫，这时候由于啤酒等清凉饮料都是二氧化碳的过饱和溶液，在不紧闭的条件下，二氧化碳会慢慢分离而散逸空中去，对于静止在杯中的啤酒，压强各处基本是均匀的，上层压强略小于杯底，所以也是表面冒泡稍多，但是如果杯里的啤酒产生了不均匀流动，则各点上的压强是不同的。从流体力学伯努利定律知道，沿一根流线，速度的局部压强小，这些速度大的地方便会产生大量的二氧化碳气泡，这就是说如果想让啤酒不冒泡地倒满杯子，就应该在倒的过程中，尽量地减少啤酒中流体的相对速度，尽可能使注满杯子的过程变为准静态。

龙王送炮

怀丙把铁牛从淤泥里拔出来已经很了不起了，更有人敢向龙王要炮。

大约在160多年前，清政府要把一尊1 000多千克重的大炮，从海外运回来。那时没有轮船，只好用木船。没料到经过浙江温州的海面上，正遇上台风，木船沉到海底去了。有人说海龙王把大炮抢走了。

那里的海水有二十几丈深。怎么向龙王讨回这门大炮呢？这个任务落在水手任昭材身上。

任昭材要了8艘大木船，把它们分成4组，每组两艘，一艘装满了石子，一艘是空的。8艘木船一齐开到沉船的海面上。任昭材拿了8根绳索，亲自潜到海底，把绳索的一头拴牢在沉船上，船头上拴4根，船尾上拴4根。8根绳索的另一头，分别拴牢在8艘木船上。

任昭材回到空船上。4艘装石子的木船原来"吃水"很深，随着船上的石子渐渐移走，就渐渐往上浮。拴在船上的4根绳索都绷得紧紧地，把沉船渐渐地往上拉。4艘空船原来"吃水"很浅，石子一担一担往上挑，它们就渐渐向下沉。等到石子全部挑过来，任昭材叫人把绳子收紧，再把石子又一担一担运回原来的船上去。这时候，这4艘木船又渐渐往上浮，又把船拉上来。

就这样十几个回合，装着大炮的沉船终于浮出水面了。任昭材向龙王讨回大炮，所利用的也是水的浮力。他的方法比怀丙更巧妙。

怀丙创造的浮力起重法，不仅被中国人利用，就连意大利的大数学家卡丹（1501—1576）打捞沉船也是利用怀丙的办法。

知识点

> ### 台　风
>
> 　　台风是热带气旋的一个类别。在气象学上，按世界气象组织定义：热带气旋中心持续风速达到 12 级（即每秒 32.7 米或以上）称为飓风，飓风的名称使用在北大西洋及东太平洋；而北太平洋西部使用的近义字是台风。
>
> 　　台风经过时常伴随着大风和暴雨或特大暴雨等强对流天气。风向在北半球地区呈逆时针方向旋转（在南半球则为顺时针方向）。在气象图上，台风的等压线和等温线近似为一组同心圆。台风中心为低压中心，以气流的垂直运动为主，风平浪静，天气晴朗；台风眼附近为漩涡风雨区，风大雨大。

延伸阅读

露珠不定始知圆

　　秋荷一滴露，清夜坠玄天。将来玉招上，不定始知圆。这是唐代诗人韦应物的一首五言绝句。诗中"不定始知圆"一句，实际上是说，由于看到露珠在荷叶面上滚来滚去，方知也是球形。由现代科学来看，韦应物这首诗所描述正是一滴露珠在荷叶面上不润湿的力学现象。润湿是指液体与固体接触时，沿固体表面扩展的现象。在自然界，生产过程和日常生活中，润湿和不润湿的现象都有着重要的意义和作用。彩色感光材料和录音、录像磁带在生产过程中都是要将配置好的感光材料涂液或滋浆，又快又均匀地涂布到固体薄片基上，然后再干燥、裁切、包装成产品。在生活中，墙壁的刷浆也都有类似的润湿性能好的问题。有时也希望应用不同的防水用品，都希望水对其不润湿。例如风雨衣，就希望雨水打在衣服上后完全不润湿，形成水珠落下。

密度的测定

中国人在利用浮力的另一项贡献是创造了测定液体浓度或密度的方法。盐场晒盐，首先要测定海水的浓度。浓度越大或密度越大，产盐率越高。从南北朝时期起，古人陆续发现了鸡蛋、桃仁、饭粒和莲子等物在不同浓度的盐水中有不同的浮沉状态。以这种物理规律来确定液体的浓度或密度，正是近代液体比重计的雏形。这种比重计至少可以追溯到宋代。

宋初有一位和尚叫赞宁，写了一本《物类相感记》，书中提到："盐卤好者，以石莲投之则浮。"只要把石莲投入盐卤中，看石莲能否浮起来，如果是浮的，说明这盐卤有足够大的浓度可用来制盐。

北宋乐史写的《太平寰宇记》指出：用 10 个莲子来测试盐卤的浓度，浮的莲子数目越多，说明盐卤的浓度越大，制盐的价值越高。若浮起莲子数目不足 3 枚，则不能用以制盐。

南宋姚宽的《西溪丛语》也有类似的讲法，讲得更加详细、具体。书中除了用"莲子法"测定盐卤浓度外，还提到福建一带用鸡蛋或桃仁对盐卤进行测试："予监台州（今浙江临海等县）杜渎盐场，日以莲子试卤。择莲子重者用之。卤浮三莲、四莲，味重，五莲尤重。莲子取其浮而直，若二莲直或一直一横，即味差薄。若卤更薄，则莲沉于底，而煎盐不成。闽中之法，以鸡子（即鸡蛋）、桃仁试之，卤味重

莲　子

则正浮在上；卤淡相半，则二物俱沉。与此相类。"

莲子和鸡蛋及桃仁都是不完全的圆球形状。如果选用 5 个密度不同的这类物体，或 5 个鸡蛋、或 5 枚莲子，它们在盐水中的浮沉状况就各不相同。当某莲子的密度与待测液体的密度相当时，它就在液体中呈直立悬浮状态；当某莲子的密度比液体小，甚至小很多时，它不仅全浮在液面上，而且因其形状与重心的关系将在液面上取横卧形式；当某莲子的密度比液体大时，它就沉没在容器底。这就是姚宽要求"莲子取其浮而直"的道理。

元代陈椿在《熬波图咏》中所记述的方法，已完全类似于近代浮子式比重计："要知道卤之咸淡，必要莲管秤试，如四莲俱起，其卤为上。……莲管之法：采石莲，先于淤泥内浸过，用四等卤分浸四处。最咸卤浸一处；三分卤一分水浸一处；一半水一半卤浸一处；一分卤二分水浸一处。后用一竹管盛此四

鸡 蛋

等所浸莲子回。放于竹管内，上用竹丝隔定竹管口，不令莲子漾出。以莲管汲卤试之，观四等莲子浮沉，以别卤咸淡之等。"

这里四等卤分别是：最咸为一等，浓度为 100%；三分卤一分水为二等，浓度为 75%；半卤半水为三等，浓度为 50%；一分卤二分水为四等，浓度为 33%。在这 4 种卤中分别浸透各个莲子，就为测定其他溶液的浓度制备好"浮子"。将装有这些浮子的竹筒注入待测溶液，看看它们的浮沉状态，溶液浓度就相应地被测定。这个特用的竹筒，称为"莲管"。这个方法比前人进步之处是，浮子是事先制备的定量化的东西，所以，它所测定的溶液浓度比较精确。

古人测密度用浮力不是唯一的办法。早在秦汉时期，《汉书·食货志》就已经得出"黄金方寸，而重一斤"的结论。秦汉时的一寸，相当于现在 2.31 ~ 2.35 厘米，当时的一斤重量约在 250 ~ 260 克之间，按现代黄金密度 19.3 计算，与当时所得的结论是基本符合的。说明我国在 2000 年前已利用金属密度导出单位长度和重量的标准。三国时的《孙子算经》中，附有金、银、铜、

铁和玉石的密度表，在世界上也是一项科学贡献。

知识点 ▶▶▶▶▶

盐　卤

盐卤又叫苦卤、卤碱，是由海水或盐湖水制盐后，残留于盐池内的母液，主要成分有氯化镁、硫酸钙、氯化钙及氯化钠等，味苦，有毒。蒸发冷却后析出氯化镁结晶，称为卤块。卤块溶于水称为卤水，是我国北方制豆腐常用的凝固剂，能使蛋白质溶液凝结成凝胶。盐卤对皮肤、黏膜有很强的刺激作用，对中枢神经系统有抑制作用，人如不小心误服，会感觉恶心呕吐、口干、胃痛、烧灼感，腹胀、腹泻，头晕，头痛，出皮疹等，严重者呼吸停止，出现休克，甚至造成死亡。

延伸阅读

捞面条的学问

捞面条用筷子，这是一个常识，但却有说法。用筷子挑面条，开始比较容易，问题是剩下最后几根面条如何捞走。方法是，先使锅离火，然后用筷子在锅里作圆形搅拌，使面汤旋转起来，这时面条便自然会集中到锅底中心，用筷子到锅中心去捞。如此重复几次，面条便会一根不剩。熟悉流体力学的人，不难对面条向锅底集中给出解释。这就是所谓二次流问题。如果将旋转起来的面汤看为一次流动，这时微团体做圆周运动，微团加速度指向圆心。其加速度与压力梯度符号相反，压强由锅中心向锅底是增加的，由于锅底这层流速很小，惯性力与压差不平衡，由此将面条带到锅底中心。

冲走的石块

　　河水冲刷着河岸，同时把冲下的碎块带到河床的别处去。水冲击石块顺着河底翻滚着，这种石块常常相当大——这个能力会使许多人感到惊奇。惊奇的

河流两岸不同的地貌

是，水怎么能够把石块带走。当然，并不是所有的河流都能够做到这样。平原上流得很慢的河流就只能带走一些细小的沙粒。可是，只要水流的速度稍为增加，就可以大大提高水流带走石块的能力。如果河水的速度增加一倍，它就不

顺流而下

但能够带走沙粒，还能够带走巨大的卵石。而山涧急流的速度又大一倍，就能把一千克或更重的圆石带走。这个现象怎样解释呢？

我们这里遇到的是有关一个力学定律的有趣的现象，这个定律在流体力学里名叫"艾里定律"。它证明，水流速度增加到 n 倍，水流能够带走的物体的重量可以增加到 n 倍。

让我们来说明，为什么这里会有自然界里少见的这种六次方的比例。

为了说明方便，假设河底有一块边长是 a 的立方体石块。石块的侧面 S 上受到力 F——水流压力——的作用。这个力要把石块以底边 AB 做轴翻转过去。它同时受到力 P——石块在水里的重量——的相反的作用，这个力阻碍石块绕 AB 轴翻转。根据力学定律，要使石块保持平衡，两个力 F 和 P 对 AB 轴的"力矩"应该相等。所谓力对轴的力矩，是指这个力跟这个力和轴间的距离的相乘积。对力 F 来说，它的力矩是 Fb，对力 P 来说，它的力矩是 Pc。但是 $b = c = a/2$。因此，石块只能在

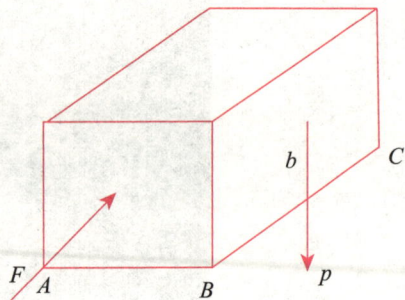

$$F \times a/2 \leqslant P \times a/2$$

也就是 $F \leqslant P$ 的时候才能保持静止不动。接下去我们应用公式

$$Ft = mv,$$

式中 t 表示力的作用时间，m 表示在 t 秒钟里对石块作用的水的质量，v 表示水流的速度。

流体动力学证明，水流压向跟水流方向垂直的平板上的总压力，跟平板面积成正比，跟水流速度的平方成正比。因此，

$$F = ka^2v^2。$$

石块在水里的重量 P 等于体积 a^3，和石块密度 d 的乘积，减去同体积水的重量（阿基米德定理）：

$$P = a^3d - a^3 = a^3(d-1)，$$

于是 $F \leqslant P$ 的这个平衡条件将可以改写成下式：

$$ka^2v_2 \leqslant a^3 \ (d-1),$$

从而　$a \geqslant kv^2(d-1)$。

　　能够抵抗速度是 v 的水流的方石块，它的边长 a 跟速度的二次方成正比。至于方石块的重量，我们知道，跟它的边长 a 的三次方 a^3 成比例。因此，水能带走的方石块的重量，就要跟水流速度的六次方成比例，因为 $(v^2)^3 = v^6$。

　　"艾里定律"就是这样的。我们把这个定律用立方体石块做例证出来了，但是也不难证明对于任何形状的物体都是适用的。我们的证明是近似的，目的只是用来说明问题。现代的流体动力学能够做出比较精确的论证。

　　为了更好地说明这个定律，我们假设有 3 条河；第二条河的水流速度是第一条的 2 倍，第三条又是第二条的 2 倍。换句话说，3 条河的水流速度成 1：2：4 的比。根据艾里定律，这三条河水能够带走的石块，重量的比应该是 1：2^6：$4^6 = 1 : 64 : 4\ 096$。因此，假如平静的河流只能够带走 1/4 克重的沙粒，那么水流速度 2 倍的河流就能够冲走 16 克重的小石子，而水流速度再是 2 倍的山涧就已经能够把成千克重的大石块翻动了。

▶▶ 知识点 ▶▶▶▶▶

河　床

　　谷底部分河水经常流动的地方称为河床。河床由于受侧向侵蚀作用而弯曲，经常改变河道位置，所以河床底部冲积物复杂多变，一般来说山区河流河床底部大多为坚硬岩石或大颗粒岩石、卵石以及由于侧面侵蚀带来的大量的细小颗粒。平原区河流的河床一般是由河流自身堆积的细颗粒物质组成，黄河就是一个例子。

　　河床按形态可分为顺直河床、弯曲河床、汊河型河床、游荡型河床。其中汊河型河床河身有宽窄变化，窄处为单一河槽，宽段河槽中发育沙洲、心滩，水流被洲、滩分成两支或多支。汊河与沙洲的发展与消亡不断更替，洲岸时分时合。随主流线移动和冲刷，常伴生规模不等的岸崩，会危及河堤安全和造成重大灾害。

延伸阅读

夜半钟声到客船

"月落乌啼霜满天，江枫渔火对愁眠。姑苏城外寒山寺，夜半钟声到客船。"这是唐朝诗人张继写的《枫桥夜泊》。读这首诗，我们可以想象，那悠扬的夜半钟声，可以隔河传到彼岸。夜间声音为什么会传得远呢？首先，声音是声源振动扰动了空气，扰动以波的形式往外传。如果空气中各点的声音是相同的，由这个点传出的声波的波前是一个球面。如果声音在大气中不同高度传播速度不同，这时波前就不再保持球面，而发生畸变，产生折射现象。白天同夜间，声音传播远近不同，就是由这个折射现象产生的。白天，由于地面接受太阳辐射温度高，地面声音大于高空。这时声音传播路径折向高空。在夜间，靠近地面空气温度比上空相对高，结果高空声速大于地面，声音折向地面，这就是夜间声音传播相对远的道理。

顺流而下

物体在河面上顺流而下的情形，和物体在空气里落下的情形很相近，我相信，这对许多人说来会是很新奇而且出于意料之外的事情。一般都以为，没有帆也没有人划桨的小艇，会用水流的速度跟着水淌下去。但是这种想法错了。小艇要比水流运动得快些，而且小艇越重，运动得就越快。对于这个事实，有经验的木筏工人都很熟悉，但是许多学物理的人却还不知道。

让我们把这个奇怪的现象比较详细地研究一下。初看仿佛没法理解，顺流而下的小艇怎么会超过浮载它的水的速度，但是应该注意，河水载运小艇的情

顺流而下

况跟运输带载运机器零件的情况并不一样。河水本身的面是倾斜的，物体在这个倾斜面上可以自动地加速向下滑去，水呢，由于跟河床的摩擦却做着一定的匀速运动。很显然，这就不可避免地会到来这样一个瞬间，用加速度向下漂流的小艇超过了水流的速度，这之后，河水对小艇的运动反而产生制动作用，像空气阻滞了在它里面落下的物体一样。结果是，——和在空气里的原因一样——运动的物体要取得一个末速度，以后速度再也不会增加了。水里漂流的物体越轻，这个最大的不变的速度就到来得越早，这个速度的值也就越小；反转来，沉重的物体放到水流里，得到的末速度就比较大。

所以，比方说，从小艇上落下来的桨，一定要落在小艇的后面，因为桨比小艇轻得多。小艇和桨的运动都应该比水流快，而沉重的小艇应该更比桨快。事实上也的确是这样，这情况在急流里更加显著。

为了更清楚地说明上面说的各点，让我们引一位旅行家的有趣的一段话：

我参加了阿尔泰山区的旅行，有一次要乘木筏沿比雅河顺流而下，——从河的发源地的捷列茨科耶湖到比斯克城，一共花了 5 天时间。出发以前有人向木筏工人提出意见，认为木筏载的人数太多。

"不碍事，"老大爷说，"这样更好，跑得快些。"

"什么？难道说我们不是跟水流速度一样快慢吗？"我们感到奇怪。

"不，咱们跑的要比水流快！木筏越重，它跑得越快。"

我们都不相信。老大爷叫我们等木筏开行以后把一些木片丢到河里去。我们做了这个实验，——果然，木片很快就落到我们后面去了。

老大爷的真理在坐木筏旅行的这一段时间里得到了证明，而且是很有效的证明。

在一个地方我们陷到漩涡里了。我们打了许多转才能从漩涡里脱离出来。在刚开始打转的时候，木筏上的一柄木锤掉到水里去了，木锤很快就漂了开去（漂到漩涡以外的河面上去——作者注）。

"不要紧"，老大爷说，"咱们能追上它，咱们比它重呀。"

我们虽然在漩涡里纠缠了很久，老大爷的这个预言却果然实现了。

在另一个地方我们发现前面有一排木筏，比我们的轻（上面没有乘客），我们很快就追上并且超过了它。

➦ 知识点

┌─────────────────────────────────────┐

漂　流

漂流，曾是人类一种原始的涉水方式。漂流最初起源于因纽特人的皮船和中国的竹筏，但那时候都是为了满足人们的生活和生存需要。漂流成为一项真正的户外运动，是在二战之后才开始发展起来的，一些喜欢户外活动的人尝试着把退役的充气橡皮艇作为漂流工具，逐渐演变成今天的水上漂流运动。

└─────────────────────────────────────┘

延伸阅读

舵怎样操纵船只

大家都知道，一具小小的舵，竟能操纵巨大船只的运动。这是怎么一回事呢？

设有一艘船在发动机的作用之下，正在向前运动。在研究船体跟水的相对运动的时候，可以把船看成固定不动的，水却向船只行进的相反方向流动。水用力 P 压向舵 A 上，这个力使船绕它的重心 C 转动。船跟水的相对速度越大，舵的作用就越灵。假如船跟水相对地说是静止不动的，那么舵就不可能使船转动。

下面谈谈伏尔加河上曾经用来操纵大平底船的巧妙方法，这种船没有动力带动，是自己顺流漂下的。这种船上的舵装在船头上，当要船转弯的时候，在船尾用一条长索系着重物丢到河底去，让它拖在船后面。有了这个重物，大船就可以转弯了。为什么呢？因为装着木材的平底船运动得比水慢；水跟船的相对运动方向和船的运动方向相同，因此水对舵作用的压力，跟船上装有发动机、船运动得比水快的情形相反，所以舵只能装在船头，不能装在船尾。这个聪明的设计是劳动人民想出来的。

河流为什么是弯的

人们很久就知道河流有像蛇一样弯曲的倾向。河流的弯曲不应该认为都是由地形造成的。有的地区可能完全平坦，可是河流还是蜿蜒曲折。这仿佛很奇怪，不是吗？在这样的地区，河流应该很自然地选择直线的方向呀。

可是，进一步的研究会使我们发现很意外的事情：对于即使是在平坦地区上流动的河流，直线方向也是最不稳定的，因此也是最不可能有的。要想使河

弯曲的河道

流保持直线方向，只能在理想的条件下实现，而这种条件实际上是永远不会有的。

　　假设一条河，在大体上同样的土壤上严格地依一条直线流动着。让我们来证明这种直线流动不可能继续得很长久。由于偶然的原因，例如由于土壤的不同，水流在某个地方偏移了一些。以后怎么样呢？河流会自动恢复它的流动方向吗？不，偏移的情况要越来越大。在弯曲的地方，由于水是在依曲线流动，在离心力作用下要压向凹入的一岸 A，冲刷这一岸，同时离开了凸出的一岸 B。而要使河流恢复直线的方向，却恰好需要相反的情况：需要冲刷凸出的一岸，离开凹入的一岸。凹入的一岸受到冲刷，凹入的程度开始加大，河流弯曲的曲率也开始加大，这样一来，转偏向力也就加大，接着对凹入一岸的冲刷作用也随着加强。看，只要形成了即使是最小的弯曲，这个弯曲就会不停地增长。由于水流靠凹入的一岸流得比靠凸出的一岸快，因此水流携带的泥沙多沉积在靠凸出的一岸，而凹入的一岸恰恰相反，发生了更强烈的冲刷，结果靠这一岸的河就变得比较深。由于这个原因，凸出的一岸就变得比较平坦，而且更加凸出，凹入的一岸却变得很陡峭。使小河发生轻微的、最初的弯曲的偶然原因，几乎是不可避免的，因此，河流就不可避免地会越来越弯曲，在相当长时间之后就变成了蜿蜒曲折的了。

　　研究一下河流弯曲的进一步发展情况是很有趣的。河床逐步改变，稍稍弯曲的小河，水流已经冲成了凹入的河岸，并且已经稍稍离开了倾斜的凸出的一岸。河流是怎样在弯曲的河床相接近的部位上为自己打通道路，在那里抄了近路，在冲成的河谷的凹入部分留下了所谓弓形沼或牛轭沼——留在河床被遗弃部分的死水。

读者自己就能猜到，为什么河流在它所造成的平坦的河谷里不在中间流或顺着一边流，而总是从一边折向另一边——从凹入的一边折向最近的凸出的一边。

力学就是这样控制着河流的地质命运的。我们上面所说的现象，当然是在很长的一段时间里逐渐发生的，这种时间是要论千年计算的。但是，你可以在每个春天看到跟上面说的许多细节相近的现象（当然规模要小得多），只要注意观察融化的雪水在冰冻的雪地上冲出的小水流就行了。

知识点

地转偏向力

由于地球自转而产生作用于运动物体的力，称为地转偏向力，简称偏向力。它只在物体相对于地面有运动时才产生，只能改变水平运动物体运动的方向，不能改变物体运动的速率。地转偏向力可分解为水平地转偏向力和垂直地转偏向力两个分量。由于赤道上地平面绕着平行于该平面的轴旋转，空气相对于地平面做水平运动产生的地转偏向力位于与地平面垂直的平面内，故只有垂直地转偏向力，而无水平地转偏向力。由于极地地平面绕着垂直于该平面的轴旋转，空气相对于地平面做水平运动产生的地转偏向力位于与转动轴相垂直的同一水平面上，故只有水平地转偏向力，而无垂直地转偏向力。在赤道与极地之间的各纬度上，地平面绕着平行于地轴的轴旋转，轴与水平面有一定交角，既有绕平行于地平面旋转的分量，又有绕垂直于地平面旋转的分量，故既有垂直地转偏向力，也有水平地转偏向力。

延伸阅读

风乍起，吹皱一池春水

"风乍起，吹皱一池春水。"是冯延巳（903—960，是南唐中主的承相）一首词的首句，作者用一个"皱"字将春风吹拂而过，使水面荡漾起细微的波纹，使静景成为动景。从力学角度来看，是一幅流动不稳定性的画面，即"风生波"问题。当观察海面由风吹起的波浪，当风速达到76.4m/s时，碎浪和蒸发率都突然增加，当风速增大到88.8m/s时，波浪的波长可增大到6cm。由于海洋开发利用的需要，风浪的发生机制问题至今仍是流体力学和海洋科学工作者关心和研究的课题。

生物力学

SHENGWU LIXUE

　　在科学的发展过程中，生物学和力学相互促进和发展着。哈维在1615年根据流体力学中的连续性原理，按逻辑推断了血液循环的存在，并由马尔皮基于1661年发现蛙肺微血管而得到证实；材料力学中著名的扬氏模量是扬为建立声带发音的弹性力学理论而提出的；流体力学中描述直圆管层流运动的泊松定理，其实验基础是狗主动脉血压的测量；黑尔斯测量了马的动脉血压，为寻求血压和失血的关系，在血液流动中引进了外周阻力的概念，同时指出该阻力主要来自组织中的微血管；弗兰克提出了心脏的流体力学理论；施塔林提出了物质透过膜的传输定律；克罗格由于对微循环力学的贡献，希尔由于肌肉力学的贡献而先后（1920，1922）获诺贝尔生理学或医学奖。到了20世纪60年代，生物力学成为一门完整而独立的学科。

格列佛和大人国

　　《格列佛游记》里面写的巨人国，巨人的身长足有正常人的12倍，当你读到这里的时候，你一定会以为他们的力量至少也是常人的12倍。就像这部《格列佛游记》的作者斯尉夫特本人，也把他的"巨人"写成十分强壮有力。但是，这样的看法是错误的，它和力学的原理相冲突。下面不难证明这些巨人的体力不但不比常人强大到 12 倍，而且相反，应该比常人相对地弱这些倍。

电影《格列佛游记》中的巨人

设格列佛和巨人站在一起。两个人同时举右手向上。设格列佛的臂重是 p_1，巨人的臂重是 P。又设格列佛把手臂的重心举到高度 h，巨人举到高度 H。这就是说，格列佛做了 p_1h 的功，巨人做了 PH 的功。现在试求这两个值之间的关系。巨人手臂的重量跟格列佛手臂的重量的比，应该等于它们的体积的比，比值就是 12^3。又，H 是 h 的 12 倍。所以

$$P = 12^3 \times p_1;$$
$$H = 12 \times h。$$

从而　$PH = 12^4 p_1h;$

这就是说，要把手臂向上举起，巨人应该做的功等于常人的 12^4 倍。我们的巨人是不是有这样大的工作能力呢？让我们来比一下两个人的肌肉力量，而首先，先来读一下生理学教程里有关的文字：

"在平行纤维的肌肉里，举重所达到的高度跟纤维的长度有关，所举重量却跟纤维的数目有关，因为重量是分布在各条纤维上的。因此，两条同样质地同样长度的肌肉，截面积比较大的就能做出比较大的功，而两条截面积相等的

肌肉，能做出比较大的功的是比较长的一条。假如比较的是两条不同长度和不同截面积的肌肉，那么它们当中体积比较大的那条，就是有比较多的立方单位的那条，会做出比较大的功。"

把这段话应用到上面说的情况，可以得出结论，巨人做功的能力应该等于格列佛的 12^3 倍（两个人肌肉的体积的比）。如果用 w 表示格列佛的工作能力，用 W 表示巨人的工作能力，可以得到：

$$W = 12^3 w。$$

这就是说，巨人在举手的时候要做的功，应该是格列佛的 12^4 倍，但他的工作能力只有格列佛的 12^3 倍。显然，巨人做举手动作要比格列佛困难到 12 倍。换句话说，巨人要比格列佛相对地弱到 12 倍；因此，要战胜一个巨人所需要的军队就不是 1 728（就是 12^3）个常人，而只是 144 人了。

假如斯尉夫特想使他的巨人能和常人同样自由地运动，他就得让他的巨人的肌肉体积等于按比例算出来的 12 倍。这样的话，巨人的肌肉应该是按比例算出来的粗细的 $\sqrt{12}$ 倍（这里假定肌肉的长度不变），就是大约 $3\frac{1}{2}$ 倍。因此他支持加粗了的肌肉的骨骼也应该相应地加强。斯尉夫特可曾想到，他想象当中创造出的巨人，在重量和笨重上应该已经和河马接近了！

▶▶ 知识点 ▶▶▶▶▶

重 心

重心，是在重力场中，物体处于任何方位时所有各组成质点的重力的合力都通过的那一点。规则而密度均匀物体的重心就是它的几何中心。不规则物体的重心，可以用悬挂法来确定。物体的重心，不一定在物体上。

延伸阅读

竹子的力学特性

竹与"松"、"梅"并称"岁寒三友",向来是坚劲高洁的君子的象征。我国国画家李苦禅在他画的竹子画上题词说:"未出土时先有节,到凌云处还虚心","有节"、"虚心"、四季常青这几种品质,怕是历代的发现,一般都是采用阶梯状的变截面杆(阶梯杆)来代替理论上的等强度杆。例如,傲然矗立于马来西业槟城88层的云顶大厦,曾是世界最高建筑,高达452m,是一个典型的"仿竹"杰作,它底部宽大,到一定的高度就变细一节,是一种阶梯状等强度管状结构。正由于它具有合理的力学结构,才被大胆地建在一个多台风的海边城市。再如,大型民用飞机的机翼,大都是采用平直的机翼,这种机翼是一种扁平的空心等强度结构,其翼肋像竹节一样可提高机翼的抗弯强度,而空心结构在满足足够的抗弯强度前提下,大大地减轻了重量。综上可知,竹子的合理力学结构,将在仿生学领域里大有作为。

河马为什么笨重不灵

我想起河马来不是偶然的。它的沉重和庞大的身材不难从上节所说的得到解释。大自然里不可能有身材庞大而矫健的生物。试取河马(身长4米)和很小的旅鼠(长15厘米)做一个比较。它们身体的外形大约相似,但是我们已经知道,几何形状相似而

河 马

尺寸不同的动物,不能有同样灵活的行动。

假如河马的肌肉跟旅鼠的几乎相似,河马就要相对地比旅鼠弱,大约相当于旅鼠的

旅　鼠

$$\frac{15}{400} \approx \frac{1}{27} 倍。$$

要想使河马能够有旅鼠那样的灵活性,它的肌肉的体积就应该等于按比例算出来的 27 倍,也就是说,它的肌肉的粗细应该加大到 $\sqrt{27}$ 就是 5 倍多一点。而支持这些肌肉的骨头,也就应该相应地加粗。现在可以知道,河马为什么这么笨重臃肿而且有这么粗大的骨骼。这两种动物的骨骼和外形,说明了我们上面所说的。下表证明在动物世界里有一个共同的定律,动物身材越是庞大,它的骨骼所占的重量百分率也越大。

哺乳类	骨骼重（%）	鸟类	骨骼重（%）
地鼠	8	戴菊鸟	7
家鼠	8.5	家鸡	12
家兔	9	鹅	13.5
猫	11.5		
狗（中等大小的）	14		
人	18		

知识点 ◆◆◆◆◆

骨　骼

　　骨骼是组成脊椎动物内骨骼的坚硬器官，功能是运动、支持和保护身体，制造红细胞和白细胞，储藏矿物质。骨骼由各种不同的形状组成，有复杂的内在和外在结构，使骨骼在减轻重量的同时能够保持坚硬。骨骼的成分之一是矿物质化的骨骼组织，其内部是坚硬的蜂巢状立体结构；其他组织还包括了骨髓、骨膜、神经、血管和软骨。人体的骨骼起着支撑身体的作用，是人体运动系统的一部分。成人有206块骨，骨与骨之间一般用关节和韧带连接起来。

延伸阅读

漫话高压锅

　　通常在海平面上的大气压为101 325Pa这时水的沸点是100℃；海拔升高大气压下降，如在海拔3 000m处，大气压只有70 000Pa左右，这时水的沸点低于90℃。我国青藏高原上平均海拔在4 000m以上，因而水的沸点低于90℃，这就是为什么在高原上煮饭不容易熟的道理。为了提高水的沸点，就要将水的环境气压提高。高压锅正是利用加大锅内局部压力的办法来提高水的环境压力。为了避免由锅内压力升高引起高压锅爆炸的危险，如何使密闭容器内局部压力保持一个固定值，这就是高压锅排气阀的功能。排气阀的构造很简单，实际上是一个金属重块和一个适当面积的排气孔，设金属块的重量为W，排气孔面积为S，则锅内的气压被控制。当锅内气压小于p时，排气阀关闭，因为这时重块的重量大于气压对它的压力，重块将排气孔堵死；反之，当锅内气压大于 p 时，气体对重块的总压力大于重块的重量，排气阀便打开放气。于是高压锅内的气压便可以维持为 p。我国现在通用的高压锅，p 的设定值为 1.2 大气压左右，对应锅内水的沸点大约为 120℃。

哪一个更能跳

跳蚤能够跳到它身长 100 倍以上的高度（达到 40 厘米），这使许多人感到惊奇；时常有人提出这种看法，认为人只有当他能够跳到 1.7 米 × 100 就是 170 米高的时候，才能和跳蚤媲美。

力学的计算却恢复了人类的声誉。为了简便起见，假设跳蚤的身体跟人体几何相似。假如跳蚤重 p 千克，能跳 h 米高，那么它每跳一次就做了 ph 千克米的功；人跳的时候所做的功却是 PH 千克米，这里 P 为人体的重量，H 为所跳的高度（比较正确的说法应该是人体重心升起的高度）。因为人的身长大约相当于跳蚤的 300 倍，因此人体的重量可以看做是 300^3P，所以人跳所做的功应该是 300^3pH。这相当于跳蚤的功的

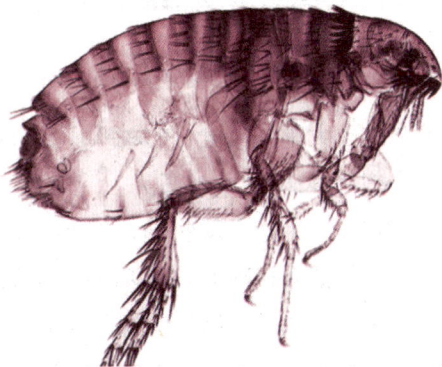

跳　蚤

$$300^3 pH \,/\, ph \;=\; (300^3)\, H/h \text{ 倍。}$$

在做功的能力方面，我们应当认为人相当于跳蚤的 300^3 倍。因此我们有权要求人只付出跳蚤的 300^3 倍的能。但是如果

$$\text{人做的功／跳蚤做的功} = 300^3,$$

那么就应该得出等式：

$$300^3 \times \frac{H}{h} = 300^3 ,$$

从而　$H = h$。

因此，在跳跃本领上，即使人只把自己身体重心升起到和跳蚤跳起的同样的高度，就是40厘米，人也可以和跳蚤相媲美。跳这么高我们不费力就能做到，因此，我们在跳跃本领上是一点也不比跳蚤差的。

跳　高

如果你认为这个计算的说服力还不够，那就要请你注意，跳蚤在跳起40厘米的时候，它所升起的只是它的微不足道的重量。人呢，却要升起300^3就是 27 000 000 倍的重量。就是说，要有 2 700 万只跳蚤同时跳跃，所升起的重量才等于一个人的体重。应该拿来和一个人的跳跃相比的，正是只有这样的跳跃——由2 700万只跳蚤大军共同进行的跳跃。那时候，较量的结果无疑地人要占到上风，因为人能跳得比40厘米高。

现在，为什么动物的尺寸越小，跳跃的相对值就越大，道理已经很清楚了。假如把有相同的跳跃功能（指后肢构造）的各种动物的跳跃，拿来跟它们身体大小比较，结果就像下面的数字：

蚱蜢跳的距离是身长的30倍，

跳鼠跳的距离是身长的15倍，

袋鼠跳的距离是身长的5倍。

知识点 ▶▶▶▶▶

跳　蚤

跳蚤是小型、无翅、善跳跃的寄生性昆虫，成虫通常生活在哺乳类动物身上，少数在鸟类。触角粗短，口器锐利，用于吸吮。腹部宽大，有9节。后腿发达、粗壮。完全变态昆虫，蛹被茧所包住。跳蚤为属于蚤目的完全变态类昆虫，雌雄均吸血；幼虫无足呈圆柱形，自由生活，具咀嚼式口器，以成虫血便或有机物质为食。

延伸阅读

陆生动物的构造

陆生动物构造上的许多特点，可以在这样一个简单的力学定律里找到它的自然的解释，这个定律就是：动物四肢的工作能力跟它们的长度的三次方成比例，而动物所需要来控制四肢的功，却跟它们的四次方成比例。因此，动物身材越大，它的四肢——脚、翼、触角——就越短。在陆生动物里面，只有极小的动物才有长长的四肢。大家都熟悉的盲蜘蛛就是这种长脚生物的一个例子。力学定律并不妨碍动物有跟这种盲蜘蛛相似的形状，只要它们的尺寸非常小。但是，到了一定的尺寸，例如到了狐狸这样的大小，就不可能再有相似的形状。因为脚会支持不住身体的重量，并且会失掉行动的性能。只有在海洋里，在动物的体重被水的排斥作用所平衡的情况下，才可能有这种形状的动物，例如，深水螃蟹就有半米大小的身体和3米长的脚。

这个定律的作用也体现在各种动物的发育过程当中。长成了的动物个体的四肢，比例上总比初生时期短；身体的发育超过四肢的发育，这样就建立了肌肉跟运动所需要的功之间的应该有的关系。

这些有趣的问题，是伽利略最先研究的。他写的《关于两个新的科学部门的谈话》一书替力学奠定了基础，他在这部书里就谈到像极大尺寸的动物和植物、"巨人和海生动物的骨骼"、水生动物可能的大小等等的题目。

哪一个更能飞

如果我们想正确地比较各种动物的飞行本领，我们应该记住：翅膀扑击的作用是因为有空气的阻力才产生的；而空气阻力的大小，如果翅膀运动的速度相同，就跟翅膀面积的大小有关。这个面积在动物尺寸加大的时候是跟动物长度的二次方成比例地增加的，至于它所升起的重量（它的体重）却跟长度的三次方成比例地增加。因此翅膀上每 1 平方厘米上的负载随着飞行动物尺寸的加大而增加。巨人国（《格列佛游记》里的）的巨鹰要在翅膀的每 1 平方厘米上承受等于普通鹰所承受的 12 倍的负载，如果它们和小人国里承受普通鹰的负载的 $\frac{1}{12}$ 的鹰相比，当然是很低能的飞行动物了。

食火鸡

让我们从想象当中的动物转回到真实的动物，下面是几种飞行动物翅膀上每 1 平方厘米所承受的负载数字（括弧里的数字是动物的体重）：

昆 虫 类

蜻蜓（0.9 克）……… 0.04 克

蚕蛾（2 克）………… 0.10 克

鸟 类

岸燕（20 克）……… 0.14 克

鹰（260 克）……… 0.38 克

鹫（5000 克）……… 0.63 克

从上面的数字可以看出，飞行动物越大，翅膀上每 1 平方厘米所承受的负载也越大。所以很明显，鸟类身体的增大一定有一个限度，超过这个限度，鸟就不能再用翅膀把自己维持在空中。有一些极大的鸟失掉了飞行的能力，这并不是偶然的事。鸟类世界里的这种巨人，像有一人高的食火鸡、驼鸟（2.5 米）或是更大的、已经灭绝的马达加斯加地方的降鸟（5 米）就都不能飞；能飞的只是它们的身材比较小的远祖，后来由于练习不够，丧失了这个本领，同时得到了增加身材的可能。

驼 鸟

隆 鸟

知识点

翅　膀

　　翅膀是鸟类和昆虫飞行的器官。昆虫的翅膀能够动作协调一致，进行十分有效的飞行，是强大的飞行肌和后翅之间小巧的"连锁器"在作用。不用时可以收折在身体背面，翅一般为三角形。鸟的翅膀上长有特殊排列的飞羽，当翅膀展开时，每根羽毛都略有旋转能力。所以两翅不断上下扇动，就会产生巨大的下压抵抗力，使鸟体快速向前飞行。蝙蝠独特的飞行器官——翼手，是由指骨末端至肱骨、体侧、后肢及尾巴之间的柔软而坚韧的皮膜形成的。

延伸阅读

灭绝的巨兽的命运

　　力学定律替动物的尺寸规定了一定的极限。如果要增加动物的绝对力量，让它的身躯长得很大，那或者就会减低它的活动性，或者就会造成它的肌肉和骨骼的不相称的巨大。这两种情况都使动物在找寻食物方面陷入不利的境地，因为随着身躯的加大，食物的需要量增加了，同时得到食物的可能性却减低了（因为活动性能减低了）。动物到了某种一定的大小，食物的需要量就要超过它获取食物的能力。这就不可避免地要造成灭亡。而我们也确实看到古代的许多巨大动物一个接着一个离开了生活舞台，只有少数留存到我们这个时代。最巨大的动物——例如巨大的爬虫类——都是生存能力不高的。地球上远古时代的巨大动物所以会灭亡的原因当中，上面说的规律是最主要的一个。当然，鲸不应该包括在里面，因为鲸是生活在水里的，它的体重被水对它身上的压力所抵消了，因此上面说的一切对它都不适用。

这里可以提出一个问题：假如巨大的身材这样对动物的生存不利，为什么动物的进化不走逐渐缩小体型的方向？原因是，形状巨大的在绝对值上究竟要比微小的更强有力，虽然相对地说是巨大的比微小的弱。让我们回过头看《格列佛游记》，可以看出，虽然巨人举手要比格列佛困难到 12 倍，但是他举起的重量却是格列佛的 1 728 倍；把这个重量用 12 除，这样就得到巨人肌肉能够胜任的重量，这个重量还是相当于格列佛能够胜任的 144 倍。可见在大小动物斗争当中，巨大动物要占很大的优势。但是，这个在跟敌人斗争当中占便宜的巨大身躯，却在另一方面（在获取食物方面）使动物陷入不利的境地。

没有损伤的落下

昆虫类可以毫无损伤地从高处落下来，这个高度是我们所不敢跳下去的。有些昆虫为了逃避追逐，常常从高高的树枝上跳下，落到地上的时候也一点没有损伤。这一现象怎么解释呢？

原来，当一个体积不大的物体碰到障碍的时候，它的各部分几乎马上就停止了运动，因此不会发生一部分压到另一部分上的事情。

巨大物体落下的时候，情形就不同了：当它碰到障碍的时候，下面部分停止了运动，而上面部分却还继续运动，就对下面部分发生强烈的压力。这就是使巨大动物的机体受到损伤的那个"震动"。

如果有 1 728 个小人国的小人从树上散落下来，受到的伤害不大；但是如果这些小人成堆落下，那么上面的人就要把下面的人压坏。而一个正常身材的人恰好等于 1 728 个小人并在一起。此外，小动物落下所以没有损伤的第二个原因是，这些动物的各个部分的挠性比较大。杆子或板越薄，在力的作用下就越容易弯曲。昆虫在长度上跟巨大的哺乳类动物相比，只有哺乳类的几百分之一；因此——关于弹性的公式告诉我们——它们身体的各个部分在受到碰撞的时候也就可以弯曲到大几百倍的程度。而我们已经知道，假如碰撞是在长几百倍的路程上作用的话，它的破坏效果也就会用同样的倍数减弱。

知识点

昆　虫

昆虫是动物界中无脊椎动物的节肢动物门昆虫纲的动物，所有生物中种类及数量最多的一群，是世界上最繁盛的动物，已发现100多万种。其基本特点是体躯三段头、胸、腹，2对翅膀3对足；1对触角头上生，骨骼包在体外部；一生形态多变化，遍布全球旺家族。昆虫的构造有异于脊椎动物，它们的身体并没有内骨骼的支持，外裹一层由几丁质（英文 chitin）构成的壳。这层壳会分节以利于运动，犹如骑士的甲胄。昆虫在生态圈中扮演着很重要的角色。虫媒花需要得到昆虫的帮助，才能传播花粉。而蜜蜂采集的蜂蜜，也是人们喜欢的食品之一。

延伸阅读

从土豆的内伤谈起

家庭主妇们经常抱怨，好端端的土豆，一削皮就露出里边的褐黑色的一块块坏斑，奇怪的是，买土豆时任你怎么挑选，也总是避免不了有坏斑这种倒霉的"内伤"苹果、梨等水果中也时常遇到。心细的学过力学的人，不难回答这个问题，原来毛病出在包装运输中，在装车运输土豆时人们总是想装得多以提高效率，殊不知装车时碰撞都给土豆造成许多内伤，土豆和水果得"内伤"问题恰好是一个曲形物的接触问题。土豆和水果等许多材料都可以近似看作是最大剪应力，超过一定限度就产生破坏的材料。最大剪应力不发生在表面而在深层，而半径和压力愈大，深度也愈大，实际接触物体形状虽然各式各样，但上述规律是相同的。这就是为什么土豆外表完好而内伤累累的原因。

树木为什么不长高到天顶

　　德国有一句俗语说：“大自然很关心，不让树木长高到天顶”。让我们来看一下，这个“关心”是怎样做到的。

　　设有能够牢牢地支持着本身重量的一株树干，并假设它的长度和直径的尺寸都增加到100倍。这时候树干的体积就增加到100^3倍，就是1 000 000倍，同时重量也增加到同样的倍数。树干的抗压力是跟截面积成正比的，只增加到100^2倍，就是10 000倍。因此每1平方厘米的树干截面上这时候要受到100倍的负载。显然，树干如果增加到这么高，只要它的几何形状始终跟原来相似，这株树就要被自己的重量所压坏。高大的树木要想保持完整，它的粗细对高

参天大树

度的比就应该比低的树木大。但是加粗的结果树的重量当然也随之增加，也就是说，又要增加树的下部所承受的负载。因此，大树应该有一个极限高度，超过了这个高度树就会给压坏。这就是树木“不长高到天顶”的道理。

　　麦秆有不寻常的强度，这也很使我们感到惊奇。例如，拿黑麦来说，麦秆只有3毫米粗细，却高到1.5米。在建筑技术上最细最高的建筑物是烟囱，它的平均直径5.5米，高度达到140米。这个高度一般只是直径的26倍，但是在黑麦秆的情形，这个比值竟等于500。当然，这里不应该得出结论，认为大自然的产物要比人类技术的产物完善得多。计算证明（算式很复杂，这里不列出了），

假如大自然要按照黑麦秆的条件造出一个高140米的管子，它的直径也应该在3米左右；只有这样这个管子才跟黑麦秆有一样的强度，这跟人类技术所做到的并没有很大的差别。

植物在增加高度的时候，它的粗细就要不成比例地增加，这个事实不难从许多例子看出。黑麦秆的长度（1.5米）等于它的粗细的500倍，而在竹竿的情形（高30米），这个比值是130，在松树（高40米）是42，在桉树（高130米）是28。

知识点

强　度

强度是指零件承受载荷后抵抗发生断裂或超过容许限度的残余变形的能力。也就是说，强度是衡量零件本身承载能力（即抵抗失效能力）的重要指标。强度是机械零部件首先应满足的基本要求。机械零件的强度一般可以分为静强度、疲劳强度（弯曲疲劳和接触疲劳等）、断裂强度、冲击强度、高温和低温强度、在腐蚀条件下的强度和蠕变、胶合强度等项目。强度的试验研究是综合性的研究，主要是通过其应力状态来研究零部件的受力状况以及预测破坏失效的条件和时机。

延伸阅读

生理流动与医学听诊

自然界和工程中黏性液体的流动有两个基本状态：层流和湍流，人体中的生理流动也是如此。在我们的身体中无时无刻不在持续着各种生理流动，其中关于生命和健康的最为重要的流动莫过于血液循环和气体交换。经实验证明，人体呼吸系统中的气体，血液在一定条件下和关节液往往呈现非牛顿流体的特点。健康人体的血管和气管等流动管道都具有良好的弹性，管壁可以吸收扰动能量，起着稳定作用，因而生理的转折雷诺数要远远超过工程中的刚性管流雷诺数。人体主动脉的平均雷诺数达到 3 400，在正常情况下，血流仍保持层流状态。一般动脉流动的平均雷诺数为 500，雷诺数峰值仅达到 1 000。正常人体循环系统中的血液几乎保持着层状流动。正常呼吸时，气体一直保持层流状态，唯当深呼吸或咳嗽时，才会发生湍流，此时雷诺数峰值高达 50 000。一旦循环系统和呼吸系统管道弹性减弱，那么吸收扰动能量的能力就要大打折扣。如果管道发生狭窄阻塞，内壁粗糙血黏度降低时，容易激发湍流。湍流发声强度要远远大于层流，而且音调也有显著差别，这就使得医生凭一对训练有素的耳朵和一只结构简单的听诊器"听"出许多病症来。

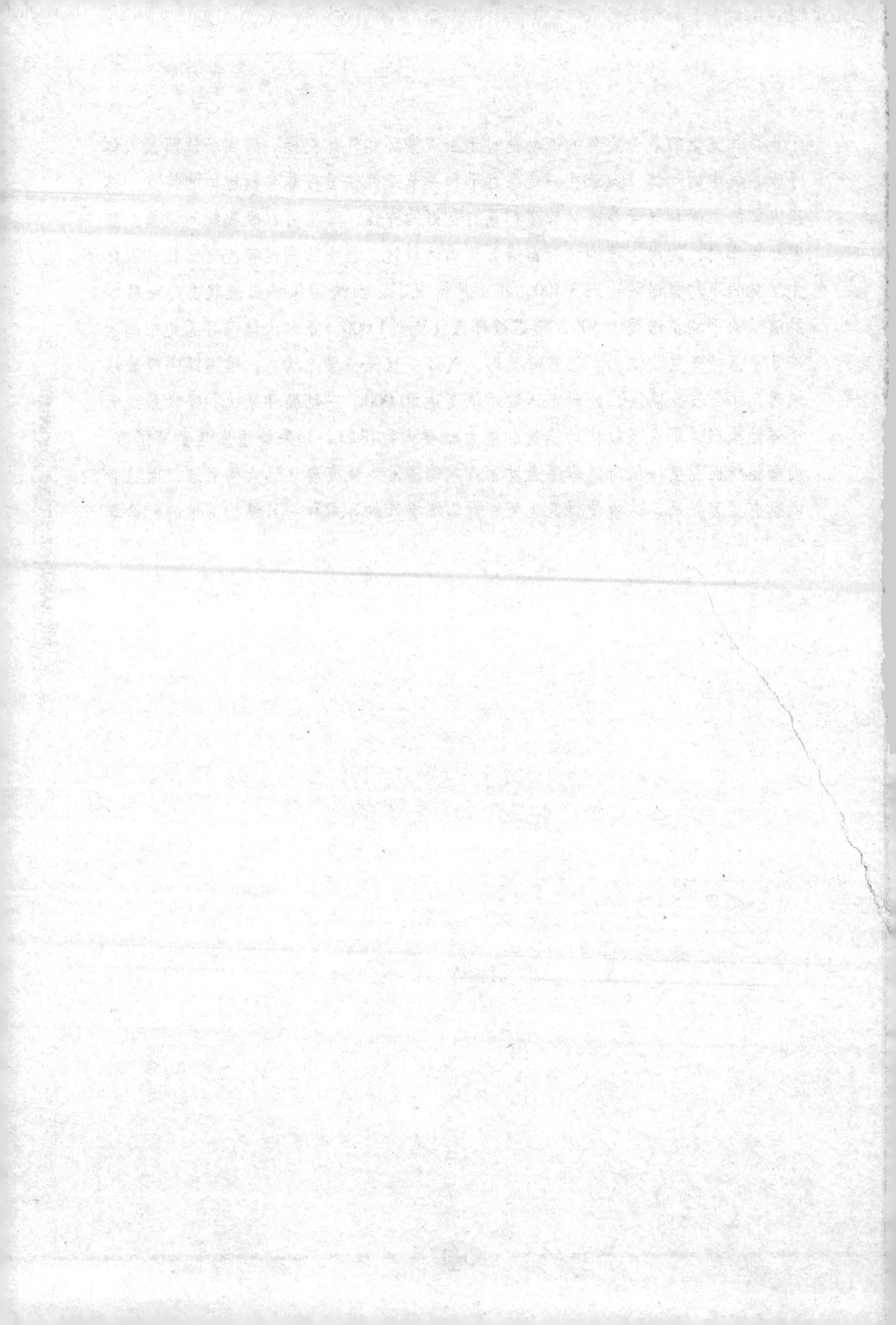